自 然 文 库
Nature
Series

WHY WE RUN

A NATURAL HISTORY

人类为何奔跑

那些动物教会我的跑步和生活之道

〔美〕贝恩德·海因里希 著

王金 译

商务印书馆
创于1897 The Commercial Press

献给

埃丽卡、斯图尔特、艾略特、丽娜以及他们坚强的母亲

本书曾用名

《像羚羊一样奔跑》

目录

致谢及说明

　　非常感谢鲍勃·科尔比、埃德蒙·斯蒂尔纳和我高中大学时期的教练。他们的敬业奉献精神在赛场内外都一直影响着我。已故的迪克·库克既是一名优秀的科学家，也是我的良师益友，是他给予了我开始的勇气。一路走来，我也从很多其他跑友身上受到了激励，其中要特别感谢我的大学队友们：迈克·金博尔（已故）、杰瑞·埃利斯、布鲁斯·文特沃斯、科克·汉森、贺拉斯·霍顿、提摩西·卡特。我们一起跑过了四年。我要感谢比尔·盖顿，作为赛事总监，他的奉献精神和幽默感让高强度的训练也变得没那么枯燥了，反而成了美好的回忆。我还要真诚地感谢戴维·布莱基，他帮助我们拿到比赛数据，给予我们信心。还有金姆·莱菲尔德，她打字的效率和速度令人惊叹。

　　对于那些能指出自己错误，帮助自己提高配速、力量和步伐有效性的人，所有的运动员们都会非常感激。写作也和跑步一样，需要通过一遍又一遍不厌其烦地修改，去改善文字的节奏、力量和有效性，一直改到行文流畅为止。感谢我的编辑们，桑迪·迪杰斯特拉、戴安·瑞文兰德、爱丽丝·卡拉普莱斯、比尔·帕特里克，还有我的妻子，瑞秋·斯莫克，感谢你为我扫清了前行的障碍，帮助我顺利前行。

本书原名《像羚羊一样奔跑》，因为它有种人类学的意味在里面，就像是布须曼人壁画中用图形所展现出的那种感觉（见第18页），并且这个标题还可以将心理学和耐力生理学融入其中，而这两点恰恰是本书大部分章节的重点。

本书的初版问世之后，我接到了一位男士的电话。"你怎么会想到起这个题目？"他质问我，语气中带着浓浓的怒气。"我也不知道，可能就是觉得合适吧。""这是我新书里的标题！我还上过美国国家公共电台介绍过我的书。"男人说道。"我确实没看到过。"我向他坦诚自己的"无知"。"你还没在美国国家公共电台上听到过我？""从来没有。对了，你的书是关于什么的呢？"我问道。"自己去看！"他砰的一声挂断了电话。

我离开办公室，沿着山道一路慢跑下去，找到伯灵顿的一家书店。刚一进门，我就注意到了展台上的一本书：《像羚羊一样奔跑》。书里全是关于费西合唱团（一个摇滚乐队）的内容。好吧，现在头大的人换成了我。

又过了半年，我决定要和费西合唱团划清界限。与此同时，也有人觉得这个题目不能完全传达书中的精髓：动物生物学。我的编辑丹尼尔·哈尔彭想出了几个替代选项，最终我们敲定了《人类为何奔跑》。当然这也是因为我最近去书店，又发现了一本《奔跑的羚羊》。

和羚羊系列比起来，《人类为何奔跑》似乎更合适。这个题目向我们展示了人类（曾经的耐力猎手）在跑步方面所沿袭的能力和热情，以及我们现在还保留的水平。尽管这些可能被我们现在的状态所掩盖，但内心深处我们仍然有追逐的能力和梦想。梦中的羚羊似乎总是那么遥不可及，但我们的想象力却带领我们到达了远方。《人类为何奔跑》提醒着我们，要想弄清自己的进化和适应过程——这也是让我们变得独特的原因——我们必须要观察其他动物，并向它们学习。

序言

梦想无止境。不论何时何地，你一定会有自己想要完成的事情。我也一样，如果让我用一种动物来代表梦想，我会选择羚羊。为什么这样说呢？因为羚羊动作灵活、身体强壮、行踪隐秘，因此通常很难抓住它。那我们为什么还要乐此不疲地去尝试呢？因为一旦停止了对梦想的追逐，我们的激情也随之消退，就如同一只野性的狼退化成了家养的狗。但是从本质上来说，我们其实更像是狼，血液里流淌着追逐梦想的基因。

早在 1981 年 5 月，我就遇见了一只羚羊，那时的惊鸿一瞥，却让我难以忘怀。于是，我下定决心要开始追逐它的旅程。当时发生了什么呢？那时，我参加了人生第一场超长距离马拉松赛跑。比赛全程只有 50 千米，严格来说可能都不能被称为超长距离马拉松赛跑。不过在最后半英里的冲刺阶段，我居然超过了当时美国 100 千米马拉松比赛纪录的保持者！这次事件让我开始思考自己的潜能，是不是有那么一点点的可能，我其实也很擅长长跑呢？当年 10 月 4 日，美国 100 千米马拉松比赛会在芝加哥举行。虽然对于当时的我来说，能跑完 50 千米已经是极限了，但我还是对 100 千米的比赛心存向往。我相信，将来自己能以更快的速度跑得更远。

所以问题来了，该如何准备呢？作为一名动物学家，职业惯性驱使我去动物界中的耐力高手身上寻找答案。它们可以告诉我们如何做以及为什么要这样做。不过，我写这本书并不是为了教大家跑步，更不是为了炫耀自己，毕竟和那些跑步达人比起来，我的经历实在微不足道。我之所以写这本书，是为了向大家介绍超长马拉松这项美妙的比赛，同时从动物研究的视角来解读比赛。我们和动物之间有什么样的相同点，又有何不同？可以从马拉松比赛和人体生理的角度去分析探索这些问题的答案。在探索的过程中，我对人类进化的历程又有了一些新的理解。

第一章　微风拂面的热身运动

> 我喜欢在郊外跑步。爬上一座小山丘，远方两只小鹿正窃窃私语："快看，这家伙在干吗呢？"奔跑在山间的小道上，我觉得自己就像是一只快乐的小仓鼠。
>
> ——罗宾·威廉姆斯，电影明星

最近每次下班回家后，我都有些焦躁不安，心里闷得慌，特别想出去透透气。也许这就是久坐一天之后的后遗症吧。于是，跑步成了我最好的放松方式。换上运动短裤和轻便的运动鞋之后，我终于有了一种重获新生的感觉，就好像一只破茧而出的毛毛虫，化身蝴蝶，自由而又轻盈。系好鞋带，我迫不及待地冲了出去，沿着马路开始了慢跑。

今天（1999 年 9 月 21 日）是个阴天，朦胧的雨丝吹拂在脸上，神清气爽。雨中的街道静悄悄的，我甚至能清晰地听到水珠滴落到槭叶上的声音。眼下槭叶还是一片郁郁葱葱的颜色，再过上一两周，它们就会变成另外一番模样：黄色、橙色、红色、橙红色和紫色的槭叶混合在一起，渲染整个秋天。路边的麒麟草（又名加拿大一枝黄花）已经开始枯萎，不过翠菊却绽放出了花朵，紫蓝色的小花看上去十分活泼可爱。平时总会有熊蜂在这些小花上忙忙碌碌，今天却不见了踪影，想必它们也是怕冷，躲进森林深处的地下巢穴里去了吧。

一只黄黑色的帝王蝶[①]正停在一株翠菊上，吮吸着花蜜。又到了帝王蝶迁移的时节，从加拿大飞往墨西哥，这是一段多么漫长的旅程！这只帝王蝶在此处停留，它要吸取多少花蜜才能为之后的旅行提供足够的能量呢？其实，帝王蝶就像是参加人类中超级马拉松的选手（超级马拉松的赛程长达80多千米），它们都需要在沿途中定期停靠，补充能量。上周的天气还很暖和，阳光灿烂。每天我都能看到帝王蝶扑扇着翅膀，慢悠悠地掠过天空。去年春天一批帝王蝶从墨西哥城启程，前往北方觅食，我现在看到的这些帝王蝶早已不是去年的那批，它们至少已经是第三代了。这群帝王蝶踏上越冬的旅程，最终会到达墨西哥城附近的山中，也就是它们祖先出生的地方。山里气候凉爽，帝王蝶会在那里进入一种类似于冬眠的状态，减缓新陈代谢，保存体力。为了躲避寒冬，帝王蝶们不辞辛苦，跨越千山万水，整个旅途费时数月。当它们置身于温度足够低的环境中时，可以几个月不进食，用储备的能量供给自身。有了这样的身体构造，帝王蝶可谓是天生的马拉松选手，当然这归功于它们身体的构造，也是其适应环境的方式。

我在道路尽头左转，经过了那片有河狸栖息的小池塘。今天，池塘里静悄悄的，而四月份这里还是一片热闹的场景，鸻鹬们叽叽喳喳

---

① 黑脉金斑蝶，俗称帝王蝶，是北美地区最常见的蝴蝶之一，也是地球上唯一的迁徙性蝴蝶。

地闹个不停，红翅黑鹂则唱起了抑扬顿挫的咏叹调，蜻蜓的幼虫也从冰冷的池水中钻了出来，寻找温暖的栖息之地。鸻鹬们和红翅黑鹂两个月前就离开了这里，蜻蜓也因为寒冷，有气无力地停在香蒲的叶子上，一动不动地趴在那里，雾气在它们的翅膀上凝结成了一颗颗晶莹剔透的水珠。我的目光穿过池塘，看向远处的河狸窝，那里也是加拿大黑雁的栖息场所。你恐怕很难想到，除了刚才的那些动物，这里还是一只驼鹿、一只大蓝鹭以及水獭们的家园。不过，今天我并没有看到驼鹿和加拿大黑雁。这时候，大雁应该已经开启了它们的南下之旅，它们会在天空中排成"V"字队形，发出兴奋的叫声，回荡在天边，经久不息。马拉松比赛时，选手们也会像大雁一样，一个接一个地前行，这样他们就处在了别人创造出来的风影区，空气阻力减小，有利于保存体力。

我们对自身的了解几乎都是建立在从其他生物体那里学来的知识之上的。格雷戈尔·孟德尔的豌豆、乔治·比德尔和爱德华·塔特姆的面包霉菌、芭芭拉·麦克林托克的玉米，还有托马斯·亨特·摩尔根的果蝇，让我们知道了什么是遗传（奠定了遗传学的基础）。作为实验对象的老鼠、狗和猴子，提供了海量的知识，让我们得以充分了解人体的生理机能。通过研究老鼠，人们知道如何对抗细菌病毒，防治衰竭性疾病。如果没有了从自然界中其他生物身上收集到的信息，我们根本就无法建立起完整深刻的行为学、心理学和遗传学体系。就像阿萨巴斯卡部落的威廉姆长老告诉人类学家罗伯特·尼尔森的那样："万物为宗。"所以，我也相信动物可以教会我们更多关于跑步的道理。毕竟几百万年前它们就已经开始了奔跑，而那时地球上还没有人类的身影。

我们发现，动物在践行人类所倡导的某些品质时是远超我们的，例如在勤劳、忠诚、勇敢、忠贞、耐心、容忍等方面，动物都远胜于我们，但是如果为了证明我们自己的道德准则是否合乎规范而去观察引用其他动物的例子，这也是很危险的一种行为。一旦这样做，你会发现仇恨、暴力、折磨、同类相残、杀害婴儿、欺骗、强奸、谋杀，甚至是战争和种族屠杀等行为都十分合理。动物向我们展示了人类自身发展的过程，而不是我们试图要成为的模样。我们可以从动物的身上学到人类想要的运行模式。

在物种多样性面前，人类是如此微不足道。在这个星球上，我们和其他大部分物种相比也算不上独特或特别。和其他动物一样，我们也在物种进化的长河中摸爬滚打，经历了无数的可能性，也受到了无数的约束，通过磨合和碰撞成为了现在的模样。只有通过它们，我们才能客观公正地看待自己，否则就会陷入狭隘偏执的想法和毫无根据的推测中。

穿过池塘，我看到了一棵 5 英尺①宽的槭树。这棵树看上去一副半死不活的样子，一只长嘴啄木鸟正停在上面，专心致志地啄着干枯的粗树枝，完全忽视了我的存在。旁边的小槭树上挂满疯长的野葡萄藤，一群旅鸫扑棱着翅膀从里面飞了出来，它们正忙着吃在这个时节里随处可见的浆果，为即将到来的迁徙补充能量。旅鸫们飞走了，一只松鸡却突然以迅雷不及掩耳之势俯冲下来，强力而又迅速的飞行吓

———————————

① 1 英尺 = 0.3048 米。

了我一跳。松鸡开始啄食起旅鸽打落在地的葡萄。如果再来几次这样的猛冲飞行，它肯定会累趴下。和大多数候鸟一样，旅鸽可以连续不停地飞上好几百甚至好几千英里[①]，它们就像一群长跑运动员，向我们展示了拥有耐力所必需的条件。相比之下，松鸡则拥有惊人的爆发力，它们的身上应该长着可以快速摆动的羽毛纤维，就像人类的短跑冠军一样，肌肉中含有很多块肌纤维。

沿着路向前跑了不到四分之一英里的距离，我又遇到了一个河狸窝，这个窝一年半之前才建好。新建起的水坝淹没了树林，今年夏天，这些被水淹没的树林都将会慢慢死去。河狸们正忙着弄倒岸边的大白杨，用杨树的嫩枝搭建水下的食物储藏处，以便度过即将到来的冬天。我沿着池塘慢跑的时候，惊起了一群林鸳鸯。它们划着水，很快就游到一片覆满了绿色浮萍的水域，躲进没在水中的美洲冬青树丛里。树丛里鲜红色的浆果似乎在向候鸟们昭示着自己的成熟。林鸳鸯的窝位于附近的一个树洞里，这个树洞还是被一只北美黑啄木鸟啄出来的。林鸳鸯的幼鸟从蛋中孵化出没过几个小时，就能像乒乓球一样在洞口上下跳来跳去、进进出出——它们是天生的跳高好手。去年春天的时候，林鸳鸯在这里生儿育女；五月份的时候，这里还有一群毛茸茸的小鸟，现在它们已经长大了，和自己的父母看上去几乎没有区别。

路边的树枝垂落在道路上方，每隔几步我都能在树叶上看到毛毛虫啃食过的痕迹。之前每当我在干净的地面上发现毛毛虫的粪便时，就会抬头去找树上又大又绿的天蚕蛾幼虫和其他蛾子的幼虫。现在这

---

① 1英里＝1.609千米。

些幼虫想必已经化为虫蛹，蛰伏其中，等待着冬天的到来。现在树上几乎已经看不到毛毛虫的身影，随着树叶的凋零，很快旅鸫和莺雀的窝也会显露出来。在别的槭树还葱葱郁郁的时候，池塘里那些垂死的槭树却已经染上了绚丽的金色，美不胜收，令人叹为观止。

现在我的身体已经微微发热。我加大了步伐，跑得更加轻松随意，与此同时，思维也变得更加清晰。一些尘封许久的往事浮现在脑海中。我踩着凹凸不平的河岸继续向前跑去，春天的时候我曾在这里看到过一个鸟巢，当我从鸟巢下经过时，一只棕夜鸫缩起了脖子，用它那漆黑的眼珠好奇地看着我。现在这个窝已经鸟去巢空，但我似乎还能看到之前在这里发生过的事。浅蓝色的鸟蛋中孵出了幼鸟，它们浅白色的绒毛逐渐变成了棕色带斑纹的羽毛，这些行动笨拙的小家伙，一个个地变成了在我面前跳来跳去的大鸟。

往前几步就是一棵水青冈树，地面上并没有看到任何果壳，说明之前松鼠并没有在这里进食，看样子这棵树今年没结几个果子。路的另一边是一排阔叶老树，一只横斑林鸮经常出没在那里。

再走几步就来到了路口，这里长着一棵苹果树，鹿经常会从这里蹦出来，我还曾经看到过两只小河狸在附近徘徊。

接下来是大约半英里（800米）的坦途，我稍微加快了步伐，同时试着在脑海中勾勒出自己的每一个动作。令我吃惊的是，这种有意识将步伐视觉化的想象居然能够影响到我的实际步伐。大脑中的想法传递给身体，执行后又返回大脑，如此循环往复。保持动作流畅平稳，在同一时刻保持右边的足迹和左边的正好相对，我这样想着，最后也确实做到了。和我们学习到的大多数知识一样，这个过程通常是在无

　　　　　　　　　　　　　　　　　　　　人类为何奔跑

意中发生的。

到了农田池塘后，我没有沿着道路继续向前跑，而是跳过路边的栅栏，想去看看青蛙和池塘的情况。这里还有青蛙吗？最近下了不少雨，池塘应该可以度过枯水期吧。上个月，我还在这里听到树蛙的鸣叫声，看到水貂和青蛙。现在的我则像是大草原上的一个猎手，期待能在跑步的道路上发现许许多多的宝藏。

我又慢跑起来，抬头仰望着驼峰山，视线渐渐下移，顺着山坡一直延伸到亨廷顿河。现在感觉良好，道路前方那些未知的惊喜是我前进的动力，之前跑步的经历也赋予我无穷的力量，有时对未来跑步比赛的憧憬也会引领我前进。

第二章　古代的跑步运动员和现在的我们

……然而，那个人是快乐的。诗人们歌颂他，他用双手、敏捷的步伐和力量征服一切。

——品达[①]，古希腊诗人，公元前 500 年

……生命的重点不在于取得胜利而在于奋力一搏。

——皮埃尔·德·顾拜旦男爵[②]，1896 年重启奥林匹克运动会上的讲话

我们是天生的跑者，虽然很多人都已经忘记了这个事实。我永远也忘不了自己还是个孩子时，第一次赤脚奔跑在温热的沙土上。那是条位于德国一片寂静树林里的路，在那儿我闻到了松枝的清香，听到了斑尾林鸽的嘀咕，还看见了亮绿色的虎甲从我面前飞过或跑过。我也将永远不会忘记 30 多年后，我在柏油马路上奔跑的情景。那天是 1981 年 10 月 4 日，我和其他 261 名选手（男女皆有）在芝加哥奔跑了 100 千米。他们用各种各样的方式奔跑着，像我一样，去追寻那"梦

[①]　九大抒情诗人之首，他的诗主要赞美奥林匹亚等体育竞技胜利者。

[②]　法国著名教育家、国际体育活动家、教育学家和历史学家，现代奥林匹克运动的发起人。

中的羚羊"。当我开始思考跑步对人类及自身的意义时，我惊讶地发现，那些遥远的记忆居然会如此清晰，而且又有了那么多新的发现。岁月变迁，世事沉浮，当年那个赤脚在沙土上奔跑的小男孩成为了一名41岁的生物学家，他穿上了耐克鞋，奔跑在芝加哥的柏油马路上。除了这些记忆，我还想到了一幅更辽阔的人类生存图谱，其中有我们和动物的同源关系，也涉及人类的起源。这些想法汇聚在一起为这次的跑步赋予了新的意义。

运动几乎等同于生命。植物伸长茎秆，长出卷须，争相向着阳光生长。同样地，很多植物的种子也会争先恐后地在适合生长的土地上着陆。它们虽然自身不能动，但是会巧妙地借用外力。植物种子运动的方式五花八门，有的借着风力，有的随着水流，还有的被吃浆果的鸟兽带走，跨越几百英里去寻找宜居的家园。

动物则主要凭借自身力量来移动。它们通过控制肌肉，将化学能转化成动能，使自己运动起来，但我们人类，尤其是到了近代，却和植物一样，利用风、水和其他动物来运送我们。不过现在人类正越来越多地从煤、石油和原子中获得能量进行移动。

在物种进化的几千万年间，在适者生存的自然选择下跑得更快更远，有些生物能在更艰苦的环境下，利用更经济的方式，将它们的捕食者和竞争者都甩在身后。不论是捕食者还是被捕食者，都必须跑得更快，否则必死无疑。一位不知名的跑步者曾经引用过人们现在耳熟能详的一个典故来解释这个概念："在非洲，每天早晨羚羊睁开眼睛，所想的第一件事就是，我必须比狮子跑得还要快，否则就会被狮子吃掉。而同一时刻，狮子从睡梦中醒来，首先闪现脑海的一个念头就是，我必须追上羚羊，要不然就会饿死。所以无论你是羚羊还是狮子，这都不重要——太阳出现时，你最好快跑起来。"当然，动物都不必知道这些，它们只需要快速奔跑。

凭借着人类无限的想象力和由之所发明出来的技术，我们现在出行的速度更快，成本更低，也大大超出了我们体能的极限。但是几百万年以来，人们移动的终极形式还是跑步。不论是否由行动来证明，归根到底，我们依然是奔跑者。大脑、肺和肌肉是一样的，都给予了我们奔跑所必需的力量。无论是沿着马路慢跑还是排成一队去跑马拉松，我们不仅在享受生活的美好，感受自身的活力，也是在现实中幻想着做梦。确实，这个世界上不存在魔法，但并不意味着世界仅仅由简单的逻辑构成，虽然世界的格局可能很简单，但在细节上却十分复杂。

我在已有的经历中以各种不同的距离和强度跑过步。跑步中蕴含着一种最原始的质朴，也许就是这种质朴吸引了我，让我沉醉其中不可自拔。其他运动中也有跑步，但只有跑步这项运动才是速度和耐力之间的较量。剥去日常生活中的技术、认知和喧嚣，这就是跑步最纯真的本质。这世界上没有任何一样东西——仅从表现力来说——可以像以下那些场景一样令我激动不已：例如像李·埃文斯那样绕过 400 米跑道的最后一个弯道；像彼得·斯内尔、凯西·费雷曼、比利·米尔斯、琼·贝努瓦·萨缪尔森那样在奥运会中冲过终点线取得冠军。为什么这样的场景会让我如此兴奋？因为这样的跑步既纯粹又有力。

已故的詹姆斯·富勒·菲克斯在其著作《跑步全书》（*The*

Complete Book of Running）这样写道：

> 在我看来，跑步所带来的影响一点也不特别，而是十分平常。奇怪的应该是其他所有的状态和感觉，因为它们是人们自我克制的方法。我认为，一个跑者可以沿着无尽的历史长链，一路回溯，体验到人类的生活状况：吃水果、坚果和蔬菜，通过不断运动，保持心肺和肌肉的健康。跑步的时候——尽管现代人能坚持跑步的已经很少了——我们重新找回了和古人甚至是更早的动物之间的亲缘关系。

几年前，我在津巴布韦的马托波斯国家公园（现为马托博国家公园），有幸经历了菲克斯所提到的那种和古代跑者的亲缘关系。在那次探索旅行中，我打算去研究体温对金龟子奔跑和战斗能力的影响。沿着崎岖的山道一路前行，我看到地表上凸起的岩石有部分已经被浅草所覆盖。金合欢树开出了黄白色的花朵，散发出的香味不仅引起了我的注意，也吸引了一群嗡嗡叫的蜜蜂、胡蜂和五颜六色的金龟子。长颈鹿正慢条斯理地吃着金合欢树顶的叶子，狒狒和黑斑羚三三两两地聚集在一起，在灌木丛中漫步。如果时间合适，每年你还会在这里看到迁徙途中的角马和斑马。成千上万匹马从这里经过，发出雷鸣般的轰响。迁徙的队伍中还有大象和犀牛，它们就像史前巨人一样，步伐缓慢而又沉重。在前行的路途中，我意外地发现了一块突出的岩石，这块岩石很不起眼，但当我向它的下方望去时，我被眼前所见到的一切震惊了。

一幅岩石壁画

　　岩石突出部分的壁面上画着一组棍子形状的小人，他们的手中紧紧握着弓箭和箭筒。这些猎人都朝着一个方向奔跑，从左到右横跨了岩石的表面。这幅有着两三千年历史的史前壁画本身并没有什么特殊的地方，但是随后我又注意到一些惊人的细节。画像最右边的小人是整个队伍的统领，他将双手高举在空中，这是一个我十分熟悉的动作：跑步比赛中选手们在冲过终点线夺冠时通常都会做出这样的动作。这个无意识中做出的动作表明：人们在跑步时，大多都经历了艰难困苦，他们呼出灼热的气息，浑身似乎着火了一样，最终到达终点时，兴奋战胜了痛苦。这些非洲史前居民的形象深深地印在了我的心中，无时无刻不在提醒着我：人类的奔跑、竞争和追求卓越的精神可以回溯到久远的过去。

　　看着这块非洲岩石壁画，我似乎遇到了一个和我志趣相投的灵魂，虽然他很久之前就已经消失了，但仿佛我们的谈话就发生在片刻之前。我站在这些不知姓名的猎人曾经奔跑过的地方，和他们心意相通。不仅如此，这里很有可能还是我们共同的祖先诞生的地方。这幅岩画的作者虽然要比我早上数百代，但在进化史的长河中却也只是一眨眼的工夫，毕竟 400 万年前，介于类人猿和人类早期祖先之间的两足动物就已经离开他们安居乐业的森林，来到草原上开始了奔跑。还有什么能比跑步更平和、深邃而又激情澎湃呢？又有什么比跑步更原始、更野性呢？

第三章　开始跑步

尔等如蓄势待发之猎犬，如箭在弦，整装待发。

——莎士比亚《亨利五世》

在我看来，非洲岩壁上的这些绘画体现了奔跑、狩猎和人类追求自身卓越之间的联系。而其他所有动物则是绝对的功利主义，它们缺乏那种与动机和奖励无关的艺术驱动力。看着这些原始艺术家的创作，我不禁想到了已故的史蒂夫·普雷方坦。他来自俄勒冈州的库斯湾，曾是俄勒冈大学的一名跑步选手。他是有史以来中长跑运动员中最伟大、最有勇气的一位。[①]"跑步就像是一部艺术品，人们可以用自己所能理解的各种方式来看待它，甚至被其影响。"普利方坦曾这样说道。没错，欣赏的关键在于理解。

后来我渐渐长大，也有了更多崇拜的对象：赫布·埃利奥特、吉米·赖恩以及那些在比赛中跑赢我的不知姓名的选手。这些人并非等

---

① 作为美国历史上最著名的长跑运动员，史蒂夫·普雷方坦曾创下从 2000 米到 10000 米之间的全部七个项目美国长跑纪录，这一壮举至今未有人能够复制。他在俄勒冈大学读书期间师从"耐克之父"、传奇教练比尔·鲍尔曼，四年间从未缺席过一次训练、一场比赛，并创下连赢 21 场比赛的惊人纪录。

闲之辈，他们中的有些人似乎能打破自然法则，超越极限。我对他们的欣赏来源于对他们的理解，因为我知道，他们的能力确实非比寻常，有些甚至强到令人难以相信。但我知道，这一切并非魔法。我想了解他们的饮食和习惯，想了解是什么让他们如此与众不同，和我所羡慕的某些动物如此相似。

人类也好，动物也罢，他们优异的表现都会让我备受鼓舞。他们为了梦想不断追求卓越，展现出的勇气和奉献精神也让我感动。当我看见一个孩子或者其他任何一个人在为几乎没有希望的事而奋斗时，例如在一个偏僻的马路上奋力奔跑，他的心中有梦，眼里有光，脑海中有目标，这样的场景总会让我莫名感动。我赞赏那些有勇气站在长跑起点线上的人们，为了心中的梦想全力奔跑。这份年轻人的激情与梦想也引起了我的共鸣，这时的他们有着无穷的自信，坚信自己天下无敌，他们眼中的世界也纯净而简单。

我有很多亲朋好友生活在缅因州的乡下。他们的生活平淡如水，每天早晨都会带着黑色的午餐桶、保温瓶和三明治，向叮当作响的羊毛加工厂走去。晚上回来后，他们给母牛挤奶，然后上床睡觉。他们重复着同样的工作，就这样日复一日，年复一年，最后死去，通常死在出生时的那家医院。

我不想过这样重复的生活，想做些与众不同的事。不过，如果没有机会的话，我很难成功。从另一方面来说，如果你看到了自己能做的事情，同时也看到了成功的希望，你也很难抵御住去尝试的冲动，即使独自奋斗会面临很多困难，最终几乎都会遇到惨败，但任何不同寻常的迹象都能成为目标。这是父亲（我亏欠他很多）给我上的宝贵一课。

我的父亲教会了我很多东西。他是一名昆虫学家，但后来由于视力不断下降，已经无法继续正常开展工作。所以他希望我能继承他在姬蜂分类方面的工作，代替他继续追寻他的梦想。但我的梦想却在其他领域。父亲虽然是一名优秀的野外自然学家，但他那种解释性技能却并不是建立在我所接受的现代科学基础之上。我还记得在大学期间，当时我的研究已经接近尾声，又适逢短假，于是就回到了家里。父亲每天都会在他的老农舍里待上好几个小时，我就坐在他身边，看着他坐在桌子前盯着显微镜，准备标本。这个准备的过程需要极大的细心和耐心，他先用针将每只昆虫的翅膀和脚固定在软木上，再用细长的昆虫针将昆虫的躯干适当固定，让它们逐渐风干。他每天都会花上好几个小时，整理出两三个标本。他的数千件标本，每一只都保存完好，摆放合理。等昆虫风干后，父亲会把固定它们的针取下来，然后将它们放入整齐排列的标本栏中。每个标本上都贴着标签，上面有打印出来极其细小的字体，标明日期、时间等信息。

父亲是参加过两次世界大战的老兵。他放弃了接受正规教育的机会，17 岁时从军，而这完全是因为一个理想——当时他们盟国的某位王子不幸遇刺身亡。[①]父亲认为他的肩头上承担着保家卫国的责任，这也是他对国家庄严的承诺。在学校放假期间，我曾就是否应征入伍参加越战征求过他的意见。现在我已经记不清确切的谈话内容了——除了最后那几句话——但我还记得大致的意思："美国就是一个实验。"

---

① 第一次世界大战导火索萨拉热窝事件。

他这样说道，然后沉默了很长时间，继续说道，"在这里，驱动力就是个人拜金主义。如果拜金主义成为了一个国家的准则，我不会拿自己的身家性命去为这样的国家冒险。"

当时我觉得受到了羞辱，因为我一直在努力赚钱，用这些钱支付学费，买了辆二手破车。我为自己是美国人而自豪。"这实验的结果倒是挺好的。"当时我这样说道。我确实感受到了人们生活的富足和精神的满足。

"但实验还没有完成。"父亲继续说道，"金钱带来安逸，安逸带来软弱。纵观历史，能够最终生存下来并取得最后胜利的，总是那些坚忍不拔、不计个人利益的人。"于是我就在缅因州的班哥尔参加了伞兵的选拔，希望能应征入伍。

"如果我们不为自己服务，那该为谁服务呢？"我曾经这样反问过父亲。毕竟他想通过研究姬蜂来实现自我满足，而且也说过"可能我们通过满足自我才能去做更伟大的事业"。

他认为我用他的研究来做类比并不恰当，我们俩谁也说服不了谁。然后他沉默了片刻，放下手中的镊子，看着我的眼睛认真地说道："如果你想的和我不一样，那么你就不是我的儿子。"然后他再也没说什么，重新开始了自己的工作。当时我觉得，父亲居然会这么极端，非要把自己的想法强加于我。但现在想想这种坦率总比虚伪要好。

这个世界的价值观通常都建立在地位名望、个人偏见、未经证实的假设、一厢情愿的想法、教条和个人情感之上，而并非明确的标准。我很想在这个世界上去寻找某种明确的标准，这也是我成为科学家的部分原因。但遗憾的是，即使是在科学领域，也没有一种普遍被大家所接受的硬核标准。不同的学科之间有着各自严格的定义。有的人认为最重要的理论会被别人看作平平淡淡的概述。别人最了不起的实验性胜利，如果并不适用某种先入为主的有效框架，那么对他人来说就是无关紧要之事。这并非出于恶意，而是源于人们对卓越的追求。因为人类会受到各种限制，但我们却并不知道自己的极限在哪里。

其实跑步之所以吸引我，原因在于任何计划或制度中的价值和地位评判标准都无法决定跑步。跑步的完美状态完全由数字所决定，公平且客观。跑步中各种优异的状态都有严格的标准，易于辨认，也令人渴望，达到极限后也就成为了纪录。比赛都有规则，一个人所取得的名次，无论是在跑完某段距离后所花的时间、所处的名次，还是留下的纪录，绝不会受到评判，也不会被他人抢走、篡改或是冒领。这里的检验就是跑步，一步一个脚印。证书在这里没有任何意义，表现和水平才是王道。

10岁前我就开始跑步了。40岁的时候，我突然留意到品达写给当时一名奥运会冠军的颂诗："信仰是人类快乐的源泉。"世界运动生理学专家戴维·柯士迪也曾表示："长跑者的最佳年龄肯定是在27岁到32岁之间。"在1981年的春天，也就是我41岁的时候，我开始认真考虑自己的生活轨迹。回首过去，在梦想的指引下，我的人生充满热情，信仰坚定，乐观向上，现在我又在自己的人生梦想上寄予了新的希望，继续前行。即使过了所谓的最佳跑步年龄，跑步对我来说仍有吸引力。我准备参加那年秋天在芝加哥举行的美国国家100千米锦标赛，并且尽可能争取夺冠。

行动起来吧，否则你会抱憾终身，当时我的脑海中满是这个念头时，似乎不这样做我就活不下去。跑步已经成为我生活中的一小部分，如果它要真正融入我的生活，那每一步都很重要。

芝加哥马拉松比赛曾是两位长跑高手激烈对决的场所。他们是来自明尼苏达州的巴尼·克勒克和旧金山的唐·保罗。克勒克在 29 岁时就曾创下了惊人的世界纪录：在不到 5 小时内跑了 50 英里，确切来说是 4 小时 51 分 25 秒。保罗则和克勒克棋逢对手，实力相当，他也同样有着强烈的好胜之心。在我心中，克勒克和保罗就是如同战神一般的存在，跑遍天下无敌手。他们有着肌肉发达的大腿、精瘦的小腿和宽阔的胸膛，来去如风，是人类中的羚羊。

所以当克勒克、保罗和我们其他人一起跑过 100 千米的距离时，会发生些什么呢？我们所有人都将面对各自的极限，而克勒克又是这世界上最优秀的选手，就意味着在这场比赛中，人类速度和耐力的极限都会受到挑战。

我的新婚妻子玛格丽特在比赛前一晚和我一起坐飞机到了芝加哥，不过我们并没有去参加赛前研讨会。一些大人物和知名选手都会出席会议，并发表演讲，唐·保罗也会在那里，表示"这将会是一场激动人心的比赛"。我没有参加会议，而是前往比赛场地查看了起跑线区域，沿着密歇根湖旁的人行道试着慢跑了一段距离，然后才回去。回到宾馆后，我把浴缸放满了热水，舒舒服服地泡起热水澡。在刚过去的那个夏天，我们一直都待在缅因州的一处森林中，住在一个用防水布搭成的小棚屋里，一边研究着昆虫和一只温顺的美洲雕鸮，一边为比赛做准备。小屋里既没电又没自来水，我的整个夏天就是这样过来的，所以对我来说，现在这个浴缸是不可多得的恩赐。

第二天早上起床后，我尽量多吃了些酵母面包卷，还从保温杯中倒了一大杯咖啡喝了下去。当清晨的第一缕阳光出现在地平线时，我们匆忙赶往起跑线区域。

起跑线附近人头攒动，选手们做着比赛前的热身运动，或伸展身体，或迈着大步来回走动。湖面上吹来阵阵凉风，中间还夹杂着细细的雨丝。我穿着棉质运动服走来走去，有点紧张，还有点发抖。我已经迫不及待地要出发了。在过去的几个月内，我每天都在进行训练，确保自己的速度能超过比赛的平均速度。再过几个小时，一切都会尘埃落定，我迫不及待地想迎来那期待已久的时刻。在我的印象中，大多数马拉松长跑比赛的距离都在 1500 英里之内，在那年的夏天和初秋我就已经跑过这么长的距离了，过去几十年间更是跑了数万英里。粗略估算一下，我所跑过的距离至少都可以绕地球 4 圈了。现在等在我面前的不过是区区 62 英里，又有什么可怕的呢！

黑色的跑道上有一条粗体的白色粉笔线——比赛的起点线。当我们在这条线后排成几排时，气氛渐渐紧张起来。我的思绪不禁飘到其他人身上。在这些来自美国和加拿大两国各省市的 261 名选手中，有多少人会像我一样，在梦想的驱动下，对此时此刻憧憬已久，并为此经过了努力的训练？

后来我才知道，当时在起跑线上蓄势待发的选手中，除了克勒克和保罗，还有很多致力于跑步事业的选手，帕克·巴纳就是其中一个。帕克是超级马拉松比赛中的一位传奇人物。他每周的训练量通常可以达到 200 英里，这个距离真是令人叹为观止。来自伊利诺伊州莫顿的丹·海尔福位于后排。他在去年的 50 英里比赛中排名仅次于克勒克。

罗杰·鲁伊勒也在这 261 人中。他是马拉松跑步比赛的老人了，曾经参加过 63 场马拉松比赛，还是 50 英里美国大师赛（40 岁以上组别）的纪录保持者。苏·艾伦·特拉普是美国女性选手中 50 英里马拉松纪录的保持者。作为一名初来乍到的选手，我只听说过克勒克和保罗，他们在我心目中已然是神一般的存在。但当时的我万万没有想到，那场比赛居然群星闪耀，汇聚了全北美最优秀的超级马拉松选手。

克勒克、保罗和其他大多数选手都排在我的前面。他们跑鞋的鞋尖几乎都快碰到起跑线了，似乎只待一声令下，就如离弦的箭一般飞奔而出。而我则有些畏缩不前，几乎是躲在人群中。在这堆人中，我只看到了一张熟悉的面孔：雷·克劳勒维齐。我站到了他的旁边。克劳勒维齐住在北卡罗来纳州的庞蒂亚克，他开着自己的小车来到这里。我在查看起跑场地的那天晚上遇到了他，那时我还不知道，克劳勒维齐其实也是一名跑步老手。他已经参加过 60 多次超级马拉松比赛，而我却只参加过一次。他体格健硕，看上去就像一头坚不可摧的骆驼。去年，他参加了同样在这里举办的 100 公里马拉松比赛，获得第三名的好成绩。

我们继续在原地绕着圈小跑，紧张地做着拉伸，将鞋带的松紧调整到最佳状态，时不时地瞄一眼手表。离开赛还有几分钟的时间，大家全都挤到了起跑线前，热切又紧张地等待着发令起跑。有些人迫不及待地脱去身上的外套，但这其实并非明智之举。肌肉遇冷后，血液中氧气的释放速度就会减慢，从而降低肌肉快速输出能量的能力。从对虎甲和非洲一些昆虫的研究中，我发现体温低的甲虫比体温高的甲虫跑得要慢得多，所以我要再等一会儿，等身体热起来才脱掉外套。

终于,有人——也许是本次比赛的负责人诺埃尔·纳奎因医生——站了起来,拿着电子喇叭宣布比赛规则。现在就只剩下几秒钟了!所有人都变得十分紧张。我脱去运动长裤,扔在一边。然后只听得砰的一声,整个队伍向前涌动,如同撒手后的弓弦。克勒克、保罗和其他许多选手的起跑速度令人震惊,我跟在他们后面,一群人就像热带大草原上迁徙的角马群一样,声势浩大地向前方奔去。

跑完第一阶段的距离之后,我发现克劳勒维齐就在我旁边,滔滔不绝地说着些什么,但我却什么也听不见。我沉浸在自己的思绪中,最终进入到一种接近无意识的状态:跑步者的神游。有时我试图用思考赋予自己力量,用口号为自己打气,还想起了猫王的一首歌。过去在我跑步的时候,这首歌一直陪伴着我,抚慰我。但现在我能记起的只有旋律和一些歌词片段:"我已经奔跑了很久,在这旅行中……万古轮回……"歌词到这里戛然而止,万古轮回的画面似乎真的在我眼前一闪而过。

第四章　回到原点

> 每一次生离都仿佛是一次死别；每一次重聚又带来复活的愉悦。
>
> ——阿瑟·叔本华《德国哲人》

一个成年人为什么会花上大量的时间和精力，坚持沿着芝加哥的湖畔奔跑，最后把自己累到半死不活？这个曾无数次出现在我脑海里的问题，在那次马拉松比赛中又出现了。为什么？我扪心自问，答案只有一个：这是理性的力量。回首往事，我发现，这种坚持还来源于我对跑步的热爱。也许年幼的我光着脚丫在森林的小路上奔跑，追逐着闪闪发光的青色虎甲时，这种爱就已经在心中生根发芽。森林就是我的游乐场，那里宁静的氛围让我受益良多。因此亲爱的读者们，我必须要带上你们，重返我的那片森林。

还记得重返那片奇境的一次旅程，当时我从波士顿搭乘飞机，在凌晨时分着陆，然后又坐了一个小时左右的汽车，穿过平坦的德国北部郊区前往特里陶。多年以来，这是我第一次故地重游，而这里早已成为我记忆中的圣地。特里陶确实还在，至少我在指路牌上看到了它的名字。一路下来，几间商店、一排排菩提树、茅草顶红砖墙的屋子和一片片整齐的农田映入眼帘。汽车驶下一个小斜坡，眼前的道路终于变得熟悉起来。

汽车停了下来，特里陶到了！下车之后，我有些头晕目眩，费了一番力气才站稳了身体。道路对面的角落处开着一家中餐厅，那里原本是我就读过的语法学校。我还记得学校里衰败空旷的教室和灰蒙蒙的大操场，还记得同桌的那个男生，有一次他弄洒了一些墨水，就被老师叫到前面。他伸出手，老师则拿起尺子，一下一下重重地打在他的手心。整个过程那个男孩没吭一声。

学校对面的旅馆倒是保留了下来。才刚到中午，旅馆里的客人们围坐在桌子前，开始点起了啤酒。附近那面刻有浮雕的墙壁旁的七叶树看上去也是那么亲切。我想起了那个瘦小的男孩，5 岁到 10 岁的时候，他都和家人一起住在森林附近的一间小屋子里。一段多么遥远的记忆！小男孩有一个小他一岁的妹妹，名叫玛丽安。每天他都会和妹妹走着或跑着经过森林，经过 2 英里的跋涉来到镇上。后来，小男孩和爸爸坐上火车前往附近的汉堡市。一路上到处都是轰炸后留下的碎石破瓦，灰蒙蒙的大地上没有一丝绿意。他还记得那些被困在地下储藏室的人们，储藏室里堆着一袋一袋的面粉。人们一个接一个地死去，活着的人用面粉盖住尸体，好遮掩尸体腐烂的味道。飞机盘旋在城市的上空，发出令人恐惧的声音。从那以后，男孩就对城市敬而远之，他所热爱的还是那片森林。那个男孩真的是我吗？如果是的话，我一定能认出那片森林，因为它们应该还保留着原来的面貌。

当时那片森林被称作哈恩海德（Hahnheide），字面意思是指公

人类为何奔跑

鸡或家禽的荒原（你没看错，就是这个意思），后来改名施瓦马纳·施韦茨（Schwarmarner Schweiz），变成一片自然保护区。虽然我迫不及待地想故地重游，但已经到了中午，还是决定先把肚子填饱。于是我穿过那条曾经用鹅卵石铺成的街道（现在已经被修整铺平），来到旅馆的院子里，找了一张空桌子坐下来。旅馆的生意很好，服务员都忙个不停，我叫住一个服务员，给自己点了啤酒、炸肉排和薯片，坐在那里试图回想起那片森林的一切：它的气息、声音和感觉……

　　那间隐藏在森林深处的小木屋现在还在吗？我们曾经在那里住了很多年。当时，我与乌鸦为伴，还喜欢收集某种步甲科的甲虫（也许是大步甲？我还给它们取了名字叫作劳夫）。记忆如潮水一般，一阵接一阵地涌来，又消失在沙滩上。

　　吃完饭后，我拿起背包，沿着石墙和七叶树旁的小路向前走去。现在我几乎已经能清楚地记起这条路的走向。前方不到 100 米的地方有一个池塘，池塘的边上种着一排椴树，在那里我看到了一间老旧的红磨坊，这间磨坊也曾运转过，水流冲击着巨大的木水轮，为磨坊提供动力。当时我们就是在这个地方卖掉从森林里搜集的水青冈坚果，这种坚果榨出的油可以用来做人造奶油。

　　没想到这个老磨坊居然还在。不过更令我印象深刻且着迷的还是池塘里的骨顶鸡和灰羽绿掌的黑水鸡。它们栖息在池塘边的柳树下和芦苇丛中，黑水鸡还总是鬼鬼祟祟、行踪不定。水蒲苇莺也在这里歌唱。年幼的我乐此不疲地在这里探索玩耍，各种各样的鸟巢都令我心醉神迷。

　　史陶森伯格庄园附近的路有些坡度，我一边走一边加快了步伐。

这里曾经是我们逃难的目的地。那时苏联军队正从东面推进，4岁的我和家人就一起逃到这里。一路上经历了难以想象的艰难困苦，最后居然奇迹般地抵达了这里，而且毫发无伤。当年的那段旅程也在我们的心中留下了难以磨灭的烙印。

当时我们是多么幸运！我们从格但斯克（波兰）附近出发，历经三个月平安抵达。我们在夜色的掩护下启程，搭乘过马拉的雪橇和大篷车，坐过卡车和牛拉的火车，混入一队荷枪实弹的德国坦克部队，还躲过一架从天而降的德国飞机。这架飞机只剩下一个螺旋桨，勉强起飞后又被射中，一头从空中栽了下来。但不管怎样，最后我们还是成功抵达了逃难的目的地——史陶森伯格庄园。这里已经聚集了一堆难民，他们也从东边赶来，出发得早，到得也早，一路上没那么艰难。庄园的主人史陶森伯格一家是父亲的熟人，所以我们得到了优待，住进附近牧场空地上一个临时搭建的避难所，不用像别人那样挤在庄园的一个个小房间里。当时正值春天，战争也已经接近尾声，父亲和母亲在树林里转悠的时候发现了那个被遗弃的小木屋。在迁往美国之前，这个小木屋就成了我们的家。抵达美国之后，我们又在缅因州找到一处破败的农场，在那里定居下来。

在史陶森伯格庄园避难的那段时间里，我往返于学校和避难所之间，或走或跑，都会经过史陶森伯格家的大房子。那幢房子的外墙爬满了常春藤，破败不堪的院子里长着几棵樱桃老树。在常春藤和樱桃树的双重包围下，这幢房子显得阴森森的，似乎早已被人遗弃。房子的三楼住着一个和我年龄相仿的男孩，他有时将身体探出窗外，从排水管上扯下剥离的铅块，我们就用弹弓将这些铅块射出去打鸟玩。那

人类为何奔跑

些弹弓是我们用精挑细选过的树杈和废弃轮胎内胎剥下来的橡胶做成的。一楼的房间里住着贵妇戈登夫人，她出生于贵族之家，也和我们一样，从东普鲁士逃到了这里。她总是摆出一副慵懒的姿态，抽着家乡产的雪茄。她的丈夫和三个儿子都死在了战场上。

我不知道现在这幢房子的主人变成了谁，但还是情不自禁地向着它走去。房子比我记忆中的还要破败，不过也并不奇怪，毕竟这么多年过去了。院子里的樱桃树倒是还在。我沿着樱桃树下的小道来到大门前。虽然有些犹豫，但还是敲响了那扇巨大的木质后门。没人回应。我又敲了敲门，木质的楼梯上传来缓慢而又沉重的脚步声。停顿了一小会儿，门开了一条缝，一位老妇人从门后探出头来，茫然地看着我。我用德语告诉她，我叫海因里希，我们一家五口（有时是"六"口）在战争结束后有六年时间住在森林的那间小木屋里。她瞪着我，一句话也没说，然后就关上了门。也许她还生活在危险的阴影下吧。

我沿着旧时铁轨旁的小径向前走去。这条铁轨通往一个小小的车站，如同怪兽一般的黑色蒸汽火车就曾停靠在这里。现在，铁轨和车站不见了踪影，但当时的自行车道保留了下来。那时我每天都会路过这里，一天两次。有一天，我甚至来回往返了四趟。父亲从树林里挖出一些松树墩，加工成木制品换来了钱。他把这钱给了我，让我在放学路上去一趟村子里的面包店买些面包，但我却空着手回来了。健忘并不能成为没买东西的借口，我只好又掉头回去。这件事让我认识到一个道理，脑袋空就要用腿脚忙来弥补。不过这些腿脚活不仅没有让我变得麻木，反而促使我成为一名优秀的跑步者。

我本能地感觉到，优秀的跑步者并不需要很早就开始进行特殊的跑步训练。就拿世界级重磅选手布鲁斯·比克福德来说，他出生在缅因州中部的一个农场里，从小除了做农活，再也没有接触过别的运动，更别说有什么特殊训练了。高二那年，他在一场越野赛跑中一战成名。类似的例子还有很多。来自缅因州弗里波特市的琼·贝努瓦·塞缪尔森是全世界最优秀的女性马拉松选手之一，她也是 16 岁的时候上了高中后才开始正式接触跑步。还有安德鲁·沙克罗利斯，20 世纪早期的著名跑步选手。10 岁的时候他开始接受训练，当时他们一家居住在缅因州老城区的皮纳布斯高族印第安人保留地，他的父亲就在自己家附近修了一条跑道，供他训练使用。和举重不一样的是，跑步这项运动也许并不需要对人的身体进行重塑，毕竟从遗传的角度来说，人类的身体其实很适合跑步，再加上适当的营养和简单的"指令"，就能激活人体跑步的本能。那么问题来了，所谓的遗传特点和现实环境的触发指令到底是什么呢？

　　我已经记不全所有"触发"过我的指令了，但是却记得有一天天色已晚，我在回家的路上看到道路的前方有个人。我吓了一跳，赶紧蹿进森林里，绕远路向家里走去。毕竟我们平常走的这条路从来没有过外人，因为那条路是条死胡同。那天我晚回家，在路上闲逛，一边逛一边啃着从店里买来的面包皮。我的内心深处知道这么做是不对的，因为父母从来不让我吃零食。所以在路上我就一直磨蹭，想晚一点再面对他们的批评。慢悠悠地走在路上，嘴里嚼着面包皮，我陷入了神游，脑海中开始浮现出天堂的模样：在那里，不论何时你都能吃到想吃的东西。我清楚地记得，就在想到天堂的主食可能是炸鸡时，我看到那个陌生的男人。不过，最后我对天堂的想象还是定格在森林里。森林里的昆虫、植物和动物在脑海中无限放大。我用充满好奇的眼神看着它们精巧而美丽的细节，这应该就是天堂的模样吧！

离开了史陶森伯格庄园，我快步走上小山坡，经过护林人格吕茨曼曾经居住过的小屋。那时我和玛丽安每天都要路过这里两回，格吕茨曼戏称我们为韩塞尔与葛雷特（格林童话故事《韩塞尔与葛雷特》中的一对兄妹）。护林人格吕茨曼养了很多年的毛毛虫，他将抓来的毛毛虫都放在屋子旁边木棚下的笼子里。有些毛毛虫结了茧，变成蛾子，最终成为我父亲的收藏品。当时，父亲热衷于收集寄生姬蜂（你可以将其理解成苍蝇蛾子一类的虫子）。他的旧藏品，同时也是他毕生的心血，被他装进了一个金属盒子里，埋在东普鲁士（我们的故乡，现属波兰）的森林里的某个秘密场所。几十年后，这个金属盒子被完好无损地挖了出来，又回到父亲的手里。后来，我们搬到缅因州后，父亲还给护林人格吕茨曼寄去了一些他收集的飞蛾标本。护林人格吕茨曼曾经给予我们巨大的帮助。他有一把猎枪，经常会带着父亲去森林里猎鸟。通常我也会跟他们一起，时不时地捡起被击落的鸟儿。回家后，妈妈会将死鸟剥皮，做成标本，然后爸爸再把这些标本卖给位于纽约的美国自然历史博物馆和其他博物馆。尽管当时战争已经结束，但德国仍然不被外界所接受。邮件往来和旅游外出都被禁止。通过一位荷兰朋友，我们才得以将这些标本寄往海外。和父亲的猎鸟之旅让我第一次亲密接触到了鸟类，领略到只有近距离观察才能发现的美丽。夏天的时候，格吕茨曼还会带着我们一起抓毛毛虫。我们在小树下铺上一张垫子，然后用力晃动树干，将虫子们摇下来。这其中总会掉下来一些奇奇怪怪的生物，我在那些年学到的东西仍然丰富着我的生活。

护林人格吕茨曼先生有一辆车。一天，他开着车沿着沙土路向我们的小木屋驶去，遇到走在放学回家路上的我和玛丽安。我兴奋地跟在车旁边跑了起来。当时正值夏天，我像往常一样打着赤脚，温热的沙土渗入了我的脚趾缝间。不论是上学还是放学，我总喜欢跑着去，不过也会经常停下来，看看地上的蚂蚁，瞅瞅天上的沙蜂或者等着玛丽安追上来。我从小就喜欢跑步，那一天我则和格吕茨曼先生的车展开了比赛，我紧紧跟在车的旁边一路奔跑。等到了转弯处（那里隐藏着一条通往我们木屋的小路）的时候，格吕茨曼先生停下车，走了出来。看到我居然能跟上汽车的速度，他似乎有些惊讶，还称赞我跑得快。

记忆如潮水般涌上心头。我低下头，几乎以为自己要看到一双没穿鞋的小脚丫，但现在早已不是20世纪40年代末，那时光着的脚丫现在已经穿上了耐克玛丽亚跑鞋。这双跑鞋脏兮兮的，有着深蓝色的花纹，我就是穿着这双鞋参加了芝加哥100千米马拉松比赛的。我还对鞋子做了点改装，用剪刀在鞋的前端扎了三个小洞，既能提高透气性又能减轻重量。在鞋子的侧面，有一行褪色的圆珠笔迹记录着一连串的时间。这些数字是我参加过比赛的最好战绩，它们见证了我人生中重要的时刻。站在这里，我突然一阵恍惚，过去和现在的事情似乎重叠交合在了一起。

生命在于运动。之所以运动，是因为我想从一个地方到另一个地方去，依靠自己的双腿完成这项任务，其他生物也一样。步甲是我最喜欢的昆虫之一。它们奔跑时步调整齐划一，虽然有六条腿，但动作

　　　　　　　　　　　　　　　　　　　　　人类为何奔跑

却出奇地和谐。大部分步甲都在夜间捕食，不过，其中一类——虎甲——却会在白天活跃。它们喜欢阳光，身体在光照下会呈现出美丽的荧光绿色。春天的时候，我在这片沙土路上看到过很多只虎甲。我走上前靠近一只时，那只甲虫就会飞奔起来，它那像线一样细的腿也因为高速运转而变得模糊。当我再靠近一点的时候，它就飞了起来，紧紧飞过道路前的沙丘，它看上去就像一枚在空中飞舞的绿宝石。我也经常加快脚步，想追上它，但它还是轻轻松松地就超过了我，落在了前面很远的地方。等我追上去的时候，它又飞了起来，开启新的一轮追逐。在风和日丽的日子里，我从来没有追上过它们，到了阴天，它们又很少出现。如果有那么一两只，就会处于不利地位。没有阳光温暖身体，奔跑的速度会大大降低，而且也飞不起来。虎甲在晴天可以轻易将我甩在身后，到了阴天却变成我的手下败将。在发现它们的这个弱点之后，我终于捉到一只虎甲，把它变成我的收藏之一。我收藏的甲虫数量不断增加，但步甲一直是最喜欢的甲虫之一。

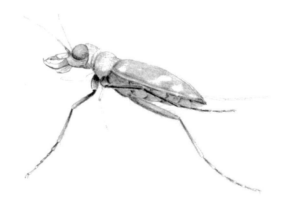

奔跑中的虎甲

和人类一样，甲虫腿移动的速度取决于身体构造和肌肉温度。在这方面，非洲的蝼蛄可以为我们提供很好的案例，因为它们不仅体形多样，机体供热的原理也各不相同。有些种类有着圆滚滚的身材和粗短的腿，看上去就像矮胖健硕的举重运动员。它们腿部移动的速度十分缓慢，但力量却不小，可以很轻松地在坚硬的泥土中打洞。还有一些种类的腿则十分纤细，如果腿部肌肉温度够高的话，这些瘦型非洲蝼蛄就能跑得很快。当瘦型非洲蝼蛄的体温从28℃提高到35℃的时候，它们奔跑的速度可以提升4倍，最快可达到每秒25厘米。不过同样温度下，虎甲比瘦型非洲蝼蛄跑得还要快上5倍，可能是因为虎甲的腿比瘦型非洲蝼蛄的还要细长。虎甲依靠阳光来维持身体的温度。当温度够高的时候，它们就会飞起来，比跑还要快上许多。我们人类和其他许多甲虫则是通过抖动来保暖，即使在没有阳光照射的情况下，也能快速移动。所以我才能在阴天抓住那些蔫蔫的虎甲。

　　重回儿时在德国的故地，那片森林却已然有些陌生。当年的小树苗已经长成参天大树，我一眼看过去差点没认出来。不过没想到的是，那条小道对我来说却仍然熟悉。沿着小道一路慢跑，我先是零星看到了些似曾相识的场景，但随着向森林深处进发，过去的记忆被逐一唤醒。斑尾林鸽咕咕的低鸣声、松鸦嘶哑的尖叫声、渡鸦呱呱的聒噪声，还有苍头燕雀和棕柳莺清脆的歌声，混合在一起，形成了一首动听的合唱。到达当年赤脚追逐虎甲和格吕茨曼先生汽车的那条沙土路后，我知道，家就在前方。

　　刚踏上沙土路，我就看到前面有只黑黢黢的大个的步甲在快速奔

　　　　　　　　　　　　　　　　　　　　　　　　人类为何奔跑

跑。这有点奇怪，因为这种步甲通常在夜间活动。以前它们经常会在夜里掉进父亲挖的陷阱中。父亲挖这些坑本来是为了捕捉小动物。它们的肉可以吃，皮则能卖给博物馆。那时我从来没有在白天看过这种步甲，这么多年后它却这样出现在我的眼前，真是神奇。我捡起这只步甲，闻了闻它释放出来的难闻的防御性气体，又将它放回地面，然后自己继续向前跑去。

我迫不及待地想绕过下一个转弯处，前往小溪所在的地方。途中经过了一处微微隆起的小土丘，蜜蜂和胡蜂曾经在这里的沙土里打洞，我还在这儿发现了一个斑尾林鸽的窝，里面有两只羽毛蓬松的斑尾林鸽雏鸟，它们的肉比我想象中炸鸡的味道还要鲜美。我终于找到了小溪，浅浅的溪水下是黑色石头铺成的道路，我曾经在这里抓到过一条洄游产卵的红斑褐鳟。

不过，这真是那条小溪吗？我记得在它的岸边长满了苔藓，一条小径沿着岸边延伸下去，一直通向我们的小木屋。这时我突然认出了那棵桤木，我曾经在这棵桤木上发现银喉长尾山雀的小窝。小窝上长满青苔，隐藏得很好，看上去就像一个小包。我停了下来环顾四周，一切都清晰起来，小溪就在这里，玛丽安曾在这附近看到过一只死驼鹿，而我曾遇到过一头野猪。终于找到了！那条印象中已经有些模糊的小径也在这里，沿着这条路走下去，穿过一个长着水青冈和松树的小土丘，就到了我童年的小木屋。

看到小径的时候，我却突然停了下来。记忆如同一阵突如其来的热风，将我包裹其中，同时也抽走了我的体力。我忍不住抽泣起来，浑身发抖，弯着腰跌跌撞撞地走着。也许我在这条路上看到了一个陌生人，一个来自过去的陌生人，而那个陌生人就是我；不过他也可能是任何人，来自任何地方的孩子。带着第二种认识，我看到世界各地的孩子，决定他们命运的、深深影响到他们的是那些看上去似乎无足轻重的小事。

1951 年初春，我们离开哈恩海德前往美国。对于当时的我来说，搭乘蒸汽船跨越大西洋的旅程几乎就等同于一场乘坐单程火箭前往月球的单程旅行。年幼的我从来没想过还有回来的那一天。好在我们都活了下来，到达美国开始了新生活。我们逃离了战争的威胁，找回了生活中的美好和安宁。我们的生活轨迹和大多数人都不一样，但也正因如此，我得以比别人更早一步了解生活。我学会了很多知识，例如飞蛾的生命周期、乌鸦宝宝的需求和行为，当然也收获了光脚在温暖的沙地上追逐虎甲的那份快乐。

第五章　高中时期的越野跑

做一个好动物，忠于你的动物本能。

——D. H. 劳伦斯

我的母亲身高不足一米五，体重约45公斤。父亲体格也并不健壮。不过在我们到达缅因的第一个冬天，他俩齐心合力，用一把锯子在森林里开始了伐木的工作。我们在那个冬天（以及之后所有冬天）看到了厚厚的积雪，这是之前从未见到过的场景。每砍倒一棵树，这棵树都会被雪掩埋，我们不得不将它从雪坑中挖出来，用锯子锯成4英尺的木块，和苏西（我们邻居的驮马）将锯好的木块一起拖到路上。后来父亲和母亲还在威尔顿镇上一家昏暗、尘土飞扬的小木工房里学会了做风筝骨架（虽然不是很熟练）。不久之后，玛丽安和我被送到一所接收孤儿的寄宿学校，我们的父母则跑出去收集可以卖给博物馆的标本。他们首先去了墨西哥，然后又在非洲的安哥拉待了几年，前前后后在外面奔波了六年。

在好意镇（那个地方当时的名字），森林的覆盖面积多达3000亩，各种小径横穿其中。镇上所有的男孩都要工作，有的在家里帮忙，有的在农场和森林里干活。在父母出门在外的这六年里，我的工作一直发生着变化，由一个刷碗拖地的"家庭妇男"变成了一个厨子，后来还学会铲粪和挤奶（一天两次），直到最后，我获得了"最高职位"：送信人。

平时玩耍的时候，我们经常会假装自己是印第安人和拓荒者。茂密的森林就是发挥各自才能的场所，有些人建起歪歪斜斜的小木屋，玩起了战争游戏。不过有时他们还真有收获，杀死了一些豪猪和野兔，这些手下败将也就成为他们的盘中餐。后来我终于清理出一条长约半英里的林道，独自一人在上面自由奔跑，感受着风吹拂过我的脸庞。奔跑之中，我唯一的乐趣就是将自己想象成缠着腰布的易洛魁印第安勇士，强壮而又自由。不过仅仅是这样，也能让我乐在其中。

为了给自己的部落"开疆拓土"，我们开始向森林深处进发，还用槭树苗做成长矛当作武器，跑到森林深处练习投掷。肯纳贝克河里的冰融化后，温暖的阳光开始洒在枯黄的草地上，我们中有几个结实的小伙子已经迫不及待地脱掉衣服，躺在我们的地盘上晒太阳，想把皮肤晒成自己想要的肤色。那时的我们打架、打猎，将打到的猎物带回营地，激动不已。

我的好朋友菲利普和弗雷德率先对食用原鸽提出了质疑。这些鸽子和牛羊猪鸡马一样，都生活在农场里，但在我看来，它们和哈恩海德松树林里的那些斑尾林鸽一样，没什么区别，两者都很好吃。不过野外就餐也是冒险的一部分氛围很重要。我们首先找到学校的小船（这些船通常停泊在肯纳贝克河上一个靠近花园的小支流处），然后就像《鲁宾逊漂流记》里描述的野人一样，带着猎物一窝蜂挤上了船

　　　　　　　　　　　　　　人类为何奔跑

（刚上船的时候，它们可能还活着，等到了目的地后，也就死得差不多了）。我们奋力摇动着船桨，向远处的沙丘驶去。途中我们会经过一个名为松树林的地方，在那附近还有一大片草地。我很喜欢河岸两边的那些沙丘，因为崖沙燕会钻进去，在里面铺上羽毛和茅草做窝，然后在做好的窝里产下洁白的蛋。一对带鱼狗（一种翠鸟）也栖息在这里，它们在沙丘里打出更长的隧道，在里面做了窝。沙滩上有两条平行的沟渠，这是两只带鱼狗在进出隧道时留下的痕迹。带鱼狗的腿短而粗，走起路来一摇一摆。不过，当它们站在高处时，却能站得很稳。一旦发现了河里的小鱼，它们出其不意地从高处一跃而下，先发制人。

河水旁边这片被松树和桦树包围的草地看上去像是一片废弃的牧场。草地最高点向下约一两英尺的地方是一片平整的沙滩。一条弯弯曲曲的黑线在这片沙滩上沿着河岸一路延伸下去，几百码长的河岸上几乎都有黑线留下的痕迹。这条黑线现在还在那里，它是古代印第安人在营地里使用篝火后留下的木炭。这些木炭沉积下来之后，河水肯定上涨到了比现在高得多的高度，这才形成现在的堆积层。过去缅因州有部分地区被冰川覆盖，这里也曾是片冻土，驯鹿和雷鸟当时生活在这里。

我想象着印第安人在河岸边的营地。那应该是在一万年前吧，冰川退去的时候。他们的营地是什么样子呢？我在沙滩上寻找着蛛丝马迹。木炭里有小块骨头。在沙子里凸出的三块石头（石头上有被火烧过的痕迹）和木炭之间，我甚至还发现了一把打磨锋利的绿色小石斧——一把战斧。这把战斧实在是太小了，看上去很不起眼，不过做工却很精湛。斧头厚 1.6 英寸①，宽 2.6 英寸，边缘逐渐变薄。斧头边缘明显经过精心打磨，但上面却留有数十道缺口。这些缺口同时形成，上面没有磨损的痕迹。这引起了我的注意，显然有人曾经用这把珍贵的石斧反复捶打岩石，然后将它扔进了火堆里。这把石斧在被扔进火堆前曾被人反复敲打过。这是谁做的呢？也许是两派敌对的印第安猎手，在河岸边吃完驯鹿肉大餐后，将石斧投入火堆，象征着两人从此握手言和。如果真是如此，那他们留下的遗物则跨越千年历史的长河，向现在的我们表明，人类不仅仅是好战的种族，他们对和平的渴望也是如此强烈。

河水欢畅地流淌着。到达目的地后，我们将小船拖到沙滩上，用拖绳把它系在了一块突起物上。然后我们沿着斜坡，笨手笨脚地爬到草坪上。这里满足了我们的所有幻想：地势偏僻，无人踏足，时间在这里似乎不再流逝。我们很快就建起了自己的营地，围绕着篝火坐了一圈，周围是一堆乱石。我们拔掉了小鸟身上的毛，将它串在刚摘下的槭树枝上，放在火上烤成棕色。烤肉的时候，大家总是会抱怨起平日里受到的各种各样的束缚。自由才是这顿饭中最美妙的滋味。

春夏之交的时候，学校会给我们分派除草的活。如果放任野草生长，它们可能会将地里的庄稼全都排挤出去。每天我们都要花上几小时，趴在花园里的地上，完成这项痛苦的工作。一排又一排的杂草横在眼前，似乎永远也拔不完。除了庄稼，花园还"出产"别的东西，

---

① 1 英寸 = 2.54 厘米。

比如燧石刀和箭头，其中有很多都被收藏在了学校博物馆顶楼的玻璃展柜里。学校的这座博物馆由砖头修葺而成，人们称其为贝茨博物馆。这里的展览一度十分出名，但到了我那个时候，博物馆已经破败了，并且不再向公众开放。时至今日，它才再度开放。闭馆后这里很快就被成群成群的棕色小蝙蝠占领了。它们在墙缝间吱吱叫着，留下一股发霉的气息。对我来说，那时的博物馆就是一座宝库，为了我的秘密收藏，我经常会进到博物馆里——从地下室的一扇破窗户那溜进去。沿着昏暗的甬道一路向下，来到目的地——一处摆放着古代农具的地方，在它附近不远是一些毛绒玩具——北极熊、驯鹿和短尾猫。这里是我藏匿蛾蛹的绝佳场所。拔草时我在西红柿上发现了几只毛毛虫（天蛾幼虫），将它们养起来，最后这些毛毛虫变成了蛹。我将很多蛾蛹送到这里过冬，其中也包括那些大天蛾的蛹。

夏末时分，我们位于河对岸的篝火营地仍然健在，没有受到外界的打扰。从学校花园到营地的这段河流里有时会漂过来许多原木——它们来自北方的树林，一直漂到下游的造纸厂。有时这些木头甚至能将这段河流堵塞。每根木头的顶端处都有一个记号，表明其所属的公司。在河流的某些位置，人们会用长长的原木堵住河口，由此形成一些深深浅浅的小水沟。水沟的附近长出了梭鱼草，它们浅蓝色的花朵连成一片，甚是好看。河水里，鲈鱼和梭鱼潜伏在莲叶下，虎视眈眈地注视着我们扔在水里的鱼饵和浮在水面上红色和白色的鱼漂，准备伺机而动。北美黑鸭栖息在树林的灌木丛中，个头娇小的美洲绿鹭则在茂密的柳树丛中安了家，用树枝搭建起简易的小窝。

马丁小溪是肯纳贝克河的一条支流，漂浮在肯纳贝克河的木头通常到不了这里。两岸的铁杉树在溪水里投下一片片阴影，溪水清澈微凉。马丁小溪不仅是男女生农场的分界线，还为我们提供了绝佳的天然泳池。沿着小溪向上走上半英里，就到了有人看管的正式泳池。泳池旁的大铁杉树扎根在高高的河岸上，伸出的枝干垂在水面上。我们光着身子，拽着挂在树上的长绳，猛地一荡，就落到泳池的远处。游泳的时候要光着身子，这是学校的规定。曾经有一个男孩在游泳时因为泳裤被水下的杂物缠住而溺水身亡。从此以后裸体游泳就成了一项规矩，当然我们也乐意遵守。

马丁小溪的旁边是一条坑坑洼洼的小路。沿着小路一路向上，经过隐士的小木屋，就到达一处鳟鱼的垂钓点。每到周日做完礼拜后，我总会急急忙忙地跑过去，在那里练习游泳动作。有一次，我在路上看到一群蜜蜂在一棵铁杉树间进进出出，于是我就和同为蜜蜂爱好者的格拉夫特老师一起，砍倒了这棵铁杉树，将蜜蜂装进蜂箱。在这个过程，我收获的不仅仅有蜂蜜，还有更宝贵的体验。还有一次，我在树林中寻找蜜蜂的踪影时，看到一只和马克杯差不多大的小猫头鹰。这只棕榈鬼鸮（北美最小的猫头鹰，成年的棕榈鬼鸮高度仅有 17 至 22 厘米，体重 54 至 151 克）看着我，黄色的大眼睛里满是惊讶，而我也惊奇地打量着它，好像发现了一片新大陆。我想要它！我在心里迅速做出了决定。于是我从河边捡起一块黏土，搓成小球，搭在弹弓上，将它射了下来（用的就是那把我在哈恩海德做的弹弓，这是我最宝贵的东西）。小猫头鹰被打晕了，不过在我抓住它后，它很快就醒了过来。我真是太喜欢这个可爱的小家伙了，怎么看都看不够，于是我就把它装进笼子，藏在了树林里一棵云杉树上一个隐蔽的地方。一方面方便我去看它，另一方面也想让它待得舒服些。过了几天之后，我还是把它放回了大自然，因为已经把它牢牢地记在心里了。

就在吉尔福德农舍后埃德叔叔大道的两侧，有一片老糖槭树。我喜欢这些糖槭树。每年五月的时候，地面上会铺起一层潮湿的槭叶，猪牙花尖尖的杂色叶子从槭叶层伸了出来，再过一段时间，它们就会开出如铃铛一般的黄色小花。除此以外，这里还有黄色和蓝色的堇菜、紫色和白色的延龄草以及马裤花。一天，我正在一棵糖槭树上练习徒手爬绳索，突然旁边传来微弱而又沉闷的声音，盖过黄腰林莺的呢喃声和其他鸟儿的鸣叫。我循着声音找到附近的一棵槭树，树下有一些腐木的碎屑。我抬头一看，只见一只红胸鸸从一个小洞里飞了出来。小洞位于一棵枯死的树干上，离地面约 50 英尺。红胸鸸飞到另一根树枝上，晃了晃脑袋，吐出一堆木屑，又飞了回去，继续"装修"自己的小窝。它的窝里铺有柔软的雪松叶和新鲜的桦树皮，上面摆放着四枚刚产下不久的蛋。蛋壳表面上的斑点分布均匀，呈棕紫色。当时我还没有接触过野生动物保护的概念，不过那种"不能碰，不能吃，不能捉，甚至都不能惊动它们"的做法只会让大自然变成一个死气沉沉的博物馆。只有通过参与和互动，大自然才会变得更加真实和灵动，仅靠远观是远远不够的。

于是在那个春天，寻找鸟巢就变成我最大的爱好。我热切地寻找着各种鸟窝，近距离观察各种鸟儿，学习并记录它们错综复杂的习性和适合它们栖息的场所。随着对鸟儿研究的深入，我对它们的热爱也与日俱增。当然，最好还是不要让其他人知道这件事。所以我尽量隐藏这个爱好，不过有时仍然会不由自主地流露出来。比如，在晚自习和诵读《圣经》的时候，我经常会画鸟儿，有些同学因此就起了疑心。

有一次，我终于和菲利普、弗雷德一起逃学了。我们走了一天一夜，走了整整50英里。后来，我们又累又饿，实在走不动了，就心甘情愿让大人们抓了回去。作为惩罚，女舍监每天都会让我留下来做值日，先是擦墙和屋顶，然后粉刷那些褪色的地方。我几乎所有的空闲时间都被占用了，包括周六下午打零工的时间。以前我会在周六下午打工，用赚来的零花钱买衣服、牙膏等日用品。不过惩罚并没有阻挡我们对自由的追求。后来出逃计划又开始在夜里展开了。我们的女舍监利佐特太太超级严格，要想躲过她的眼睛实非易事，所以大家也十分谨慎。每天夜里只有在听到她响亮的呼噜声后，我们才会行动，先是将衣服堆在被子下，摆成人形，然后蹑手蹑脚地走下楼梯，胜利出逃。

踏着月光，我们来到农场。白天的时候，菲利普会在这里照料马匹，因此他对一切都了若指掌。我们跨上马鞍，在田野上策马狂奔。有一次，我们穿过马丁小溪上的木桥，一路狂奔到了女生的农场。也不知道自己当时是着了什么魔，也许是想遇到另一群自由的灵魂吧。

到了冬天，夜游的活动则由骑马变成滑雪。一个长满灌木丛的废旧高尔夫球场变成我们的滑雪场。我们在那里堆了一个雪坡，练习跳跃和下坡技巧。有时还会踩着滑雪板或者穿着雪地靴走进森林探险。每当这时，我们都会异常兴奋，因为这种行为是被严格禁止的。越是不让做的事，我们总是越想去尝试。

除了春天，冬天是我一年中最喜欢的季节。到了冬天，我们就不用在炎炎烈日下在田地间弯腰佝背、没完没了地除草了。相反，我们前往树林里伐木。我们一起工作，男孩用树枝燃起篝火，女孩们有时烤饼干和甜甜圈，并带来热巧克力。

夜里躺在床上睡不着的时候，我有时会听到河面上冰块破碎的声音，那种低沉轰鸣的声音就像打雷和鸣枪混合在一起。在寒冷晴朗的夜晚，这种声音可以传递到数英里之外。和冰块碎裂的躁动比起来，雪花飘落就显得平静许多，带着催眠的功效。有一次，我在暴风雪中近距离看到一群白翅交嘴雀。它们栖息在挂满积雪的冷杉树枝上，紫色的雄鸟和黄绿色的雌鸟色彩分明，在白色背景的映衬下，看上去十分美丽。

菲利普、弗雷德和我出去探险，大部分时间都是前往我们在丛林深处的营地。营地位于一个叫作肯德尔的配楼。那是一个捐赠给学校的废弃农舍，后来被售出，新主人盖了一座巨大的造纸厂。现在站在这座造纸厂的金属架上，能远眺到好几英里以外的地方。不过在那之前，肯德尔农舍附近一片荒芜，灌木丛生，对于当时的我们来说那里就是已知世界的尽头，后来我们终于在一次出逃中跨越了"世界尽头"。我们并没有走远，一直在学校附近徘徊。天空中开始下起暴雨，冲垮了厚厚的积雪。四月的积雪融化后，树林里的路变得泥泞起来，很不好走。马丁小溪的水位猛涨，阻断了前往肯德尔农舍的去路。于是我们沿着河岸往回走，在加里森校长家后面找到一艘翻倒的划艇，在它的下面躲了两天。与此同时，警察们展开了大面积的搜索，一无所获，谁能想到我们就在他们的眼皮底下呢？

雨停后，我们在夜色的掩护下跨过马丁小溪，开始了长途跋涉。一路上，远处农场传来的狗吠声和沼泽地里响起的横斑林鸮叫声总能让我感受到莫名的鼓舞。有一次，我在一棵大椴枯木上发现了一个横斑林鸮的窝。好几个晚上，我都会来到树下聆听林鸮们的呼啸声。上了大学之后，我在一篇必修课的作文里写到过那几晚的经历。通常情况下，老师会要求我们写诗：啊，大树，你是如此可爱！因为你的发丝里缠绕着鸟窝……诸如此类的。这些诗歌里描述的场景我真是闻所未闻，所以我的文章通常都是刚过及格线，不过已经很庆幸了。我也想过用钢笔来写作，但后来还是作罢，改用铅笔了，我不想显得太浮夸。有一次，我写了一篇关于猫头鹰巢穴的诗，自我感觉还不错，但老师却说这首诗写得太好了，明显不是我的风格。在他看来，这就是我抄袭的证据。

跑步则不同。别人的看法无关紧要，属于你的终究是你的，没有人可以剥夺。

友谊中学几乎没有正式的体育项目，但是八年级的穆迪老师却在那所砖砌的文法学校旁边打造了一个跳远的沙坑，还鼓励我们练习和比赛。我喜欢跳远时飞一般的感觉：先是快速冲刺，然后在沙坑边缘腾空一跃。我的身体从空中划过，落在软绵绵的沙坑里，踩好印记，然后起身测量跳过的距离。

跑步的速度是获得冲力和跳出远距离的基础。穆迪老师告诉我们，跑步比起跳和踩坑都要重要。曾经占据纽约州北部的易洛魁印第安人联盟（由六个部落组成）是一个十分强大的部落，他们兴盛的原因就在于速度。部落里擅长奔跑的勇士可以沿着240英里长的易洛魁小道一路狂奔，将信息传递出去。他们通过接力的方式通常三天之内就能跑完全程。他们就是利用这种快速的沟通将各个部落结盟。为了鼓励跑步，易洛魁印第安人部落会举办赛跑比赛。北达科他州的曼丹族印第安人和其他很多文明——如印加人和希腊人——都有这样的习俗。曼丹族印第安人会清理出一条 3 英里长的"U"形赛道。在比赛中获胜的人将得到一片被涂成红色的羽毛作为标志，用来交换其他东西。

在穆迪老师的引导和鼓励下，我们将过剩的精力用在了体育锻炼上。语法学校里的另一位老师邓纳姆小姐则给了我们更多的启发和指引。她告诉我们，印第安人会一直追着鹿跑，直到它们精疲力竭，然后才将其捕获。我曾经在森林里看到过鹿奔跑的样子，它们迈着大步、身形轻盈、步伐矫健。在我看来，它们代表着跑步的最高水平，所以我根本没法想象它们也会有筋疲力尽的时候。人类怎么可能抓得住鹿呢？邓纳姆老师并没有给出答案，不过却给我们讲了罗杰·班尼斯特的故事。三四年前，这个人用了不到 4 分钟跑完 1 英里，在当时被认为突破了人类的生理极限。

鹿

虽然我们没法在真正的战争或者打猎中满足冲动和渴望，但最终我们还是找到了释放热情的替代方式：越野跑。在高三那年的初秋，我们的高中英语老师兼越野跑教练鲍勃·科尔比在晨会上宣布，让所有对越野跑感兴趣的男生在放学后到他的办公室集合。越野跑是秋季运动项目，对于只有不到一百个学生的友谊中学来说，这是仅次于棒球的一项重要运动。

　　"越野赛是一项团体赛。"所有人到齐后，科尔比老师开始介绍起比赛规则，"每名选手以个人名次来积分，第一名积1分，第二名2分，以此类推，第二十名20分。每队按其前五位到达终点的队员的积分计算总分，总分最低的队获胜。举例来说，A队的前五位队员正好也是个人名次的前五名，那么A队总分即为1+2+3+4+5等于15分，这个分数就是最低总分。所以即使你没法为队伍积分，也可以通过打败其他选手，升高其积分，来帮助自己的队伍获胜。能听明白吗？"

　　规则简单明了，队伍中每个人的表现越好，队伍的表现就越好。每个人都在为队伍的胜利做贡献。我喜欢这个规则，它让我有一种归属感。不过我能为队伍争光吗？我环视了下四周，有些心虚。那边站着杰瑞，他已经充分发育了，嘴角上的胡子茬昭显着他的成熟，除了他以外，还有大约20个有竞争力的选手。当时19岁的我是个头最小的一个，脸上还长着小孩子才有的绒毛，发育明显滞后，只有那零星几颗青春痘显示着我刚刚到来的青春期。更闹心的是，因为我喜欢虫子和鸟，同学们都戏称我为"自然男孩"。这时烈马走出来问道："科尔比老师，你注意到了吗？读书人通常都发育不良。"烈马是一个精瘦的男孩，他比我高一头，长长的黑发整齐地梳在背后。我从没有说过自己是读书人，也不想被大家看作文绉绉的读书人。不过这个问题却让我有些生气，他明显就是想说爱学习的人（甚至也包括爱鸟和虫子的人）是不可能在运动上有什么成就的。不过好在老师对这种文弱书生并没有偏见。"没有。"科尔比老师说道，"我没这么觉得。"

我们的教育提倡身心全面发展，因此体育训练也是教育中不可缺少的一部分。古希腊教育家柏拉图和苏格拉底都曾参加过科林斯地峡运动会（每两年一次在古科林斯地峡举办的泛希腊盛会），他们比赛的项目是摔跤。在柏拉图看来，全面教育必须要包含运动训练。他曾表示，通过运动才可以保持最佳状态。后来我才知道，他的一些对话其实就发生在体育馆①。我们所接受的印度和希腊教育理论强调的都是全人教育，全面教育。

"接下来我们将进行两周的训练，然后举行计时赛，选拔出进入到首发阵容的七个人，这七人将会参加公路旅行。"科尔比老师继续说道。

"公路旅行是我们和其他学校的比赛。"科尔比老师补充说道。我们最远的一次旅行甚至到了韦纳尔黑文，一个在缅因州海岸附近的海岛。长时间的车程过后，还要坐船才能到达。真的很想入选，但是我能战胜这些四肢发达的同学吗？

学校给我们发了制服和装备。每人都领到了一双白色的棉袜、一个护裆和一双窄小的黑色帆布跑鞋，橡胶做成的鞋底又硬又薄。制服包括一件黑色短裤和橘黄色的 T 恤，上面印有友谊中学的标志。第一

---

① 柏拉图留下《柏拉图对话录》等系列著作，主要记载了他与苏格拉底的很多对话。

轮训练是在校外的草坪上。之后我们每天下午 3 点都会在这里集合，当我们在草坪上排成一排之后科尔比教练会让我们做一些开合跳和俯卧撑等热身运动。

在缅因州的佩诺布斯科特部落中曾经有过这样一个习俗：每个家族挑选出一些擅长跑步的年轻男性，任务就是追逐驼鹿和白尾鹿。被选中的人又被称为"纯净之子（pure mery）"。在旁人看来，能成为纯净之子是一件十分光荣的事情。纯净之子会受到部落里老人的看管。他们不能做爱，睡觉时要把腿伸直，不能咀嚼云杉胶。因为人们认为这些行为会妨碍他们的呼吸，还会在奔跑时让他们的睾丸发出响声，惊吓到鹿。从某种角度来说，我们这群学生其实和纯净之子很像。也有一些约定俗成，虽然没那么荒诞，但其实也很奇怪。比如说，我就一直不明白为什么一定要戴上护裆，但每次训练还是不忘把它戴上。

穿上制服，做起开合跳和俯卧撑并不意味着你就能参加比赛，想获得荣誉也并非易事。热身之后，科尔比老师告诉了我们训练的路线：沿着绿堤一路跑上去，在顶端左转，顺着埃德叔叔路向下跑，经过茅屋，最后在阿弗里尔高地前集合。阿弗里尔高地就是我们训练前集合的地方。全程约 3 英里，几乎都是土路。"现在，在起点前站成一排。准备好了吗？开跑！"

我们飞一般地冲了出去。烈马和杰瑞打头，每个人都争相向前，生怕被别人超了过去。跑到终点的时候大家都累垮了，不过我却很高兴，因为我没有成为拖后腿的人。几周后，我们跑的距离增加到 15 英里左右。拖后腿的那些人很快交出他们的制服，选择退出。我们的队伍初见雏形。

　　　　　　　　　　　　　　　　　　　　　　　人类为何奔跑

第二年也就是我高四那年，我们举行了第一次正式比赛。那时我和一个女生的关系进入到了稳定期，每当在大厅看到她时，我的心里总是如小鹿一般乱撞。真希望能看到她在终点线为我呐喊助威的样子！所以我就数着日子，满心期待着比赛的到来。

周五下午，比赛如期而至。我还记得赛前的紧张感和随后那场持续了 18 到 20 分钟的战斗，漫长而又痛苦。我拼尽全力，动用了身体内的每一条神经和每一块肌肉，头也不回地向前奔去。当时我的脑海中只有一个念头：快结束吧！在跑的过程中，我只能拼命幻想着到达终点后的美好和女朋友的面容，以此激励自己继续跑下去。穿过松树林中的一座小水泥桥后，我已经能看到终点线了，那里已经聚集起几个观众。我冲向终点，狂喜的同时几近瘫在地上。我是第一！很快我的痛楚便被遗忘，心里满是喜悦。

一开始，人们都觉得我的爆冷夺冠只是一场意外，但在接下来的四场比赛中，我相继夺冠。在那之后，再也没人嘲笑着称呼我为"自然男孩"了，他们又给我取了个新外号：野兽。当然，我们都是野兽，不过这个外号听上去顺耳多了，我甚至还有点喜欢。

每天早上上课之前，所有的学生和老师都会聚集在学校的礼堂。我们将右手举起，放在左胸前，庄严地对着国旗宣誓效忠，然后唱起一首爱国歌曲。歌曲中有描写炸弹在空中爆炸的歌词，每当唱到这里，我总是会打个寒战。在鞠躬敬礼之后，我们就可以把手放下，聆听台上老师发布的通知。在第五次比赛之后某个特殊的早上，凯利校长面对全校师生宣布了我们的越野赛赢得了迄今为止所有比赛的冠军，而我成为了学校史上首位金牌选手——五冠王。其实我并没有觉得自己比别人多厉害多少，只不过是加倍努力再加上注意饮食罢了。

对于食物，我基本上是来者不拒，有时这也会成为大家开玩笑的话题。不过作为一个灵活的"野兽"，我知道，要想跑得快、跑得远，合理的营养必不可少。我经常会牙龈出血，这是坏血病的一种症状，说明体内缺乏维生素 C。这让我很是担心。

1958 年 7 月 3 日，我给远在非洲的父母写了一封信。"我的教练觉得今年秋天我就能取得全州冠军……明天我又得去找牙医，他索（原文笔误）可能要拔掉我的几颗臼齿，太糟糕了。应该不是蛀牙的问题，因为我每天都按时刷牙。肯定是这里的饮食有问题，还有很多孩子也和我一样。哎，事已至此，难过也没用，看来只能和我的臼齿说再见了。"

1959 年 2 月 3 日，我这样写道："我身上起了一个大脓包，是最近传染病横行的结果。现在这里的状况真的有些吓人。昨天，玛丽安在教堂里吐了两次，一个女孩干脆直接晕倒了……除了我，很多人身上也起了疹子。我真的很肾气（原文笔误），如果他们能提供均衡的饮食，根本就不会有这些事。至少不会有这么多病人。"

我努力让自己吃得更有营养些。春天的时候，我们会从农场里抓一些小鸟，跑到河对岸的平原上烤着吃。除此以外，有一次我还偷了原本要送给宿管老师的什锦水果罐头。还有，当我在农场里干活的时候，经常会偷吃箱子里那些原本要给牛吃的混合谷物，因为我觉得这些谷物是纯天然的，富含营养。

成为邮差后，我的胃口变得更好了。每天早晨吃完早饭后，我从普雷斯科特市政厅的皮制邮袋中取来要寄走的信件，骑着车前往欣克利邮局，然后带回收到的邮件。放学后，也是同样的流程。这时就会把自行车停在普雷斯科特市政厅，开始我的奔跑。

整个欣克利邮局其实只有一间房，那里的负责人是戈登·古尔德，一个在战争中多次负伤的矮壮的爱尔兰男人。他喜欢人们叫他老左（Lefty）。在我的印象里，老左是一个很厉害的拳击手，因为他总是会对我吹嘘自己的左勾拳有多厉害，要不是在战争中被击中了，早就成了世界拳击冠军。"我曾经打遍天下无敌手，每天都要跑 5 英里，一口气能做 200 个俯卧撑。"他这样对我说道。不过我从来没有看他打过拳。

老左曾经是友谊中学的走读生。我喜欢和他待在一起，因为他不仅熟悉本地的情况，还去外面见过世面。"二战"期间，他在美国陆军第八十二空降兵师 504A 连服役，回来后带着他的瘸腿成为了欣克利邮局的局长。不论在早晨上学之前，还是下午放学之后，我在邮局里只能见到他一个人。每次我都尽可能跑得快些，到得越早，能和他待在一起的时间就越长，这样就能听他讲自己的冒险经历了。

当了两年的邮差，也听了老左的很多故事。他在装有铁条的窗口后兴致勃勃地谈起自己在安齐奥（意大利城市）、北非、西西里岛、比利时和德国的战争经历时，我就站在那里，心怀敬畏，认真聆听。他讲到自己和好兄弟埃德·亚当奇克以及 T. J. 麦卡锡外出执行任务时，我似乎能闻到火药的气息，听到战场上的枪鸣，看到曳光弹的闪光。有时，当他在竭尽全力回忆的时候，宽宽的额头上会滚下一串串的汗珠。与此同时，他那灰蓝色的眼睛凝视着我，似乎能看穿我的灵魂。

"有一次，我们向山坡对面的德军开火。他们的一个机枪手居然走出掩体，不断地向我们举起命中靶旗（一面小白旗），告诉我们打偏了多少。后来，我们终于得以向前推进，绕过了那位'友军'。还有一次，几个德军士兵居然在夜里来到我们这里。他们不知用了什么方法，居然穿过我们的防线，把所有人都吓了一跳。他们用枪指着我们，还问我们要了烟，坐在那里一边抽着烟，一边和我们聊天，然后又回去了。一天晚上，我去检查机枪手的就位情况，发现有一人不在自己的位置上。'怎么回事？'我问另外一人。'哦，他去后方了。每晚都会有人去后方拿咖啡。哦，别开枪，咖啡马上就到。'为了证明自己，他又补充了一句。那个晚上，同样的事情发生了。只不过说话的人变成了德国佬。'我们只想要枪，你们就留在这和长官去解释吧。'他们这样告诉我们。

"海德布利克（老左的另一个战友）会说德语。他在德国上过学，知道德国人的心理。有时他也会潜入敌人后方。有一次，他居然穿着德军少校的制服，带着一帮囚犯回来了。他让囚犯们站成一排齐步走，这些人也乖乖地就范了。

"我们喜欢唱《哦，苏珊娜》。一天，海德布利克的一个俘虏举着手站了出来：'我不是投降，我只是喜欢唱歌。我想和你们一起唱歌。'于是他就用低沉的男中音和我们一起唱了起来。"

当然，战场的气氛不总是像这般轻松友好。这群囚犯不论落在谁手里，总是会被转移来转移去，到哪都是犯人。

老左没法把所有的战役都讲给我听，不过他还是把最后一战中最精彩的部分讲了出来。

"只见曳光弹呼啸而来，下一秒德国佬就打中了我。我看到身边有条腿，这才意识到那其实是我的腿。我立刻就疯了，拿起伤腿就向德国佬们扔了过去，然后就痛得晕了过去。德国佬们也没理我，从我身边穿过，继续前进。我躺在那里，后来还是一群小孩把我拖离了战场。"

当时战争已接近尾声，老左被送到比利时的一家医院。"那个德国医生跟我说，战争结束后，你们军队的医生就会把你带走。他们会告诉你把腿锯掉，因为这是最简单的方法。千万别同意，这样你的腿才有救。"

事实确实如此。"后来他们把我送回国内的退伍军人医院，那里的医生见到我后第一句话就是'我们必须要切掉你的腿'。'不行。'我拒绝了。'如果不这样的话，你会死。'医生们接着说道。'死就死。'我就这样回答他们。"老左活了下来，但他永远也不能跑了。

老左是我的良师益友，他带给我极大的鼓舞。如果说我是为了谁而奔跑的话，那在友谊中学，我想为之而奔跑的人就是他，当然还有鲍勃·科尔比教练。我想让他们为我而骄傲。

我们学校的校徽是一只河狸。"河狸，专注而勤劳，在工作时工作，在玩耍时玩耍，"老师们这样告诉我们，"个体能力强，却心甘情愿为集体做贡献。"河狸各自伐木，但它们会聚集起来，共同建造水坝和巢穴。上一代河狸的努力还会继续延续下去，造福后代。这并不是学校的夸张宣传，而是事实。河狸是人类理想社会的缩影。人类也是群居动物，我们的社会性始于猿人祖先，几百万年来，代代相传。其他群居动物，例如河狸、蚂蚁、黑猩猩和蜜蜂都是如此。和它们一样，我们会一起完成关乎生存重要的事情，而这种社会性也进一步提高了人类的凝聚力。学校的运动队就给了我们一种团队的归属感。那些整日舞刀弄枪的小混混（我还认识其中几个）也是如此，他们也属于一个团队，为了同一个目标聚在一起，只不过会付出惨痛的代价。社会包罗万象，如果你在这里找不到团队，也总会在别处得到援助。不过所有联盟的形成都有一个前提，那就是得有旗鼓相当的对手。没有对手，联盟也就失去了意义。

一天早上在邮局，老左为我找到一个对手。他用短粗的手指戳着我们本地报纸《沃特维尔卫报》的头条：伯特·霍金斯，一个来自沃特维尔高中的越野赛选手。他战无不胜，打破了一个又一个纪录。霍金斯这个名字立刻成为了我心里挥之不去的阴影，威胁性是致命的。

当看到比自己强大的人时，人们总会倍感自卑。这也就是为什么很多人喜欢说比自己能力强的人的坏话，似乎只有贬低他们才能挽救自己可怜的自尊心。但是在跑步中，你没办法欺骗自己，也没法欺骗他人。你必须直面事实。因此我要承认，霍金斯是可以超越上帝的人。

看来，我和霍金斯之间的一战是不可避免的了。沃特维尔高中就在肯纳贝克河下游几英里的地方，离我们学校不远，是一所大学校，人员充足，而我们总共也就这么点人。不过，科尔比教练还是请他们过来比赛了。一直等到沃特维尔勇士队的队员从更衣室里出来到达阿弗里尔高地前集合时，我才算见到他们的面。我心里很清楚，我们根本不占优势。在接下来的几分钟内，我的真正实力将会暴露在众人面前：我不是天生的强者，只是训练得比较刻苦罢了。

和其他所有缺乏安全感的孩子一样，我总是小心翼翼地走在一根平衡木上，战战兢兢，如履薄冰。一方面想保持自己的独立性，另一

　　　　　　　　　　　　人类为何奔跑

方面则想取悦强势的父母和师长。然而，这根平衡木原本就不平衡。我的宿管老师从一开始就觉得我是个彻头彻尾的坏孩子。因为我英语说得不好，还带着奇怪的口音，她就叫我小赤佬。于是她顺理成章地纠正了我的很多"恶习"。无论是无伤大雅的恶作剧，还是那些出于好奇或者为了生存而做出的行为，在她眼里全是十恶不赦的罪行。几年下来，我发现自己被管得服服帖帖，那些我所珍视和渴望的品质已经荡然无存。我无路可退，也没什么好失去的了，唯一能挽回我自尊的就是胆大妄为的冒险和身体上的勇猛。前者让我做出了一些无法被学校容忍的事情，我也因此在高中毕业前的一周被开除；后者则帮助了我，让我能继续接受教育。这次和霍金斯的对决也间接促成了后者。

有人为我指出了霍金斯。他留着小平头，身材精瘦。当我们在起跑线上准备时，他冲我露出了一个几不可见的微笑。（抑或是冷笑？）

正如传说中的一样，霍金斯起跑快，将其他人都远远甩在了身后。我们很快就接近了一英里长的绿道。这是一段小缓坡，我曾在这里和凯利校长的旅行车有过一次赛跑。当时正值午休时间，我将化学课上做出的爆竹带了出来，正在点火呢，被开着车的凯利校长看到了，只能溜之大吉。那个爆竹最终也没有爆炸，但是却炸出一个谣言：那个德国小孩想炸大桥！谣言听上去很吓人，但老左却只是一笑而过，对我的态度自始至终都没有变过。

这里是我的地盘。如果我能在小坡的顶部追上霍金斯，那绝对能给他造成压力。我必须要做，这是我唯一的机会。我脚下发力，一点一点地缩小我们之间的距离。他一定听到了我的脚步声，因为他回过头看了我一眼。在再跑一百码之前，让我大吃一惊的是，他居然停下了脚步，跑到路边镇定地撒起尿来。

水龙头一旦打开，就很难立刻停止。我就趁着这档工夫一举超过了他。到达坡顶后，余下全是下坡路了。我一马当先，向着终点冲去。一直到了水泥桥（也就是我点爆竹的地方），霍金斯还没有追上来。我已经能听到女生的欢呼和教练的大吼声："加油，本！（本是我在高中和大学时的昵称）"我聚集起身上最后一丝气力，领先霍金斯几步冲过了终点线。对于羚羊来说，只有在被狮子追逐的瞬间，快速奔跑的重要性才凸显出来。而对我来说，冲过终点的那个瞬间同样无比重要，那一刻我的灵魂得到了升华。

现代生物学已经证实，身体和精神的联系确实存在，并且还揭示了一些过去看上去像是科幻小说的运行机制。大脑是人体感知输入和动作输出之间的协调者。谁能想到，在一套特定的明暗机制下，或者仅仅只是由于发生在合适时间点的那一束光，就能决定毛毛虫是否会破茧而出？有谁能想到在日照变长的时候，雄性麻雀血液中的睾丸激素会激增，引发一连串的生理变化，最终导致其行为改变，同时也会让它蜕去身上暗淡的羽毛，换上一身华丽的衣服？又有谁能想到，仅仅在看到一些树枝和求偶的雄性后，雌性鸽子的身体就会发生卵巢增大、排卵、产卵这样一系列重大的生理变化？在这三个案例中，动物的感官刺激或者激活了大脑，大脑会随之诱导一系列激素的分泌，引起生理上的变化。人体内也有这样的大脑激素分泌机制，除此以外我们还多了意识，这就意味着有时只需要一点点的感官刺激，意识能激发大脑。意识相当于大脑的放大镜，有了它我们可以加强任何输入信号。不过，这不代表意识就是万能的。就像我们没法用正念来治疗癌症一样，不过积极的想法能让我们心情舒畅，提高做事的效率。同时，也能帮助我们完成一些看上去似乎不可能的事情。

高中时代的越野跑让我体验到从跑步到赛跑的转变，品尝过追逐的快感之后，我彻底变了。作为越野赛的选手，我们要学会集中能量，掌握一切可为我们利用的能量因素，去完成一项简单而纯粹的任务。我们的目标清晰明确：不仅要在比赛中追逐，更要努力训练，付出长久的准备，厚积薄发。而这种厚积薄发对于我来说，还带来了另一个好处。

一开始，我压根就没想过要去上大学。高中时我连生物课都没上过，拉丁语（父亲说，拉丁语就是生物学的语言）学得也很差。连生物的语言都不会，又何谈去学习这门学科呢？化学？我们在化学课上从不做化学实验，不过有时倒会偷偷地做一些爆竹。物理课上只会大声朗读课本。我从书本上几乎没学到什么，而在生活中和接触过的东西中学会了很多。当时我的脑海中（也许现在也是）充满了在别人看来深奥难懂抑或是微不足道的知识。这些知识五花八门，涉及各种花鸟虫鱼。除此以为，非洲探险家的冒险故事也深深影响到我，我没有任何经济来源，只是偶尔会在周六下午去谷仓那里打打零工，一下午赚一美元。这些钱也只够我买点二手衣服和其他生活必需品。就这样我还能奢望些什么呢？不过最终我还是考虑要去上大学了。高四那年的晚秋，凯利校长对我说道："本，缅因大学有一支特别棒的越野赛队。"当时我下定了决心：我要上大学。

第六章　大学大熔炉

他乘着怎样的翅膀搏击？

用怎样的手夺来火焰？

——威廉姆·布莱克

"我想参加越野赛。"我对埃德蒙·斯蒂尔纳说道。埃德蒙·斯蒂尔纳的办公室就在缅因大学奥罗诺分校（UMO）的体育馆里。刚一开学，我就找到他的办公室，向他表明心意。教练（在那之后，我就一直这样叫他）浓眉大眼，身材高大，留着短短的板寸头，看上去很精神。听到我的话后，他的脸上满是笑意。简单交谈了几句，他就带着我来到储藏室，让我领了一套训练用的服装。然后我们又来到更衣室，我也像其他队员一样，分到自己的储物柜。在这样一所宏伟的大学里，我加入了全州最棒的田径和越野赛队伍，队伍的教练对我又如此关照，那一刻激动之情难以言表，颇有一种士为知己者死的冲动。

在这所大学里，我看到的一切、所闻到的一切都是那么新奇，令我兴奋无比，期待万分。就在那一天，在我大学生涯开启的第一天，我换上崭新的训练服，穿上运动鞋，开始了越野赛训练，跑步结束后

　　　　　　　　　　　　　　　　　　人类为何奔跑

还去了健身房健身。

我没有高中毕业证，不过这也没什么关系。我确实上过高中，还参加了6月份的毕业典礼。在那之前，我幸运地在美国农业部找到一份工作：在缅因州北部监测舞毒蛾（一种臭名昭著的林业害虫）。那个夏天我在霍尔顿镇上那片号称百万英亩的森林旁租了一个小房子住进去，开始了我的工作。当时我刚学会开车，每天早上都会开着政府配给我的新卡车行驶在偏僻的道路上，去检查捕蛾器的状况。设置的捕蛾器通常都位于偏远的郊区。我在陷阱上涂了雌性舞毒蛾的信息素（生物释放的化学物质，能影响或吸引其他同类生物），用来诱捕雄性舞毒蛾。这两个月以来，除了偶尔搭便车回家（我父母居住的农村距离这里有180英里）以外，每天都是孤身一人。一个暑假过去了，我一只蛾子都没抓到，这证明舞毒蛾基本没有入侵缅因州的北部，因此也就不用喷洒农药。

忙完工作后，我几乎没有时间练习跑步（大学入学的考核项目），所以在工作的同时我顺便开始练习。几分钟的车程后，我来到另一处摆放捕蛾器的地方（我在这里设置了500多个捕蛾器）。通常我会停在距离目的地50到100码的地方，在这段距离进行短跑冲刺训练，先跑过去再跑回来，然后开上我的卡车，向下一个目的地进发。等喘过气来后，我通常提高嗓门，引吭高歌，一直唱到下一站为止。秋天进入大学后，我的唱歌水准并没有多大提升，依然是五音不全，但跑步能力却大大提高，我跑得越来越快了。考上大学后，我想要加入校队的愿望也变得愈发强烈。

来到UMO的第一天，我走进健身房，看到一名正在举杠铃的健硕男子。在友谊中学的时候，我也曾经搬运过装粮食的袋子。当时挺直了背，只能扛起 100 磅^① 左右的袋子。眼前的这个大块头同样也在举重物，但动作看上去却和我的不太一样。他弯下腰，整个身体呈"V"字形，然后在举起杠铃的过程中背部和地面保持平行。之前我从没有看过真正的举重，也不知道该怎么做。就像这样吗？好，我也不能输给他。我这样想着，也抓起一组大重量杠铃，弯下腰做起了推举。没过一会儿，就觉得背部有些隐隐作痛，不过这点小伤怎么能打倒我呢？于是我接着练了下去。

接下来的几周，我一直在一家自助餐厅的厨房打工，靠着洗盘子赚自己的生活费。我既没有奖学金，父母也给不了钱，说实话，他们比我还要穷。背部的疼痛仍在继续，但我还是忍着痛坚持训练跑步，有时这种钝痛还会传到腿上。也去过医务室，校医说这只是肌肉拉伤，慢慢就会好的，所以我也就没太在意。但是几周过去了，背上的疼痛不仅没有消失，反而更严重了。于是在一次训练前，教练让我回去找主治医师好好检查下。他让我告诉主治医师，我是越野队的成员，是教练让我过来做检查的。

这次我接受了更为细致的检查，细致到让我有些恐慌。最后，检查结果终于出来了。医生告诉我，这辈子都别想跑步了，而且也不能再去食堂端盘子。"破裂型腰椎间盘突出，导致坐骨神经突出，"他这样描述我的病情，"可以通过手术改善，但不会完全康复。"这是

---

① 1 磅 = 0.45 千克。

他给出的结论。后来我又被转诊到班戈的一位神经学家。他对我的病情也不乐观。跑步是绝对不可能了，而且他还劝我重新考虑未来的职业选择，别想着从事林业了。

我不能跑步，也不能工作。没有打工赚来的钱，就交不起学费，最终可能被迫辍学。不仅如此，我计划的职业道路也被封死了，只能另谋出路。在这种情况下，一般人会有两种选择：一是随机应变，寄希望于各种机遇（碰运气）；另外一种则是重新规划。不过，鉴于生活的复杂和多变性，即使做了规划，可能最终计划也赶不上变化。所以我也就没再规划，而是将重心放在学业上。背部的疼痛仍然阴魂不散。为了缓解疼痛，我在床垫下垫了一块木板。后来事实证明，我的选择是对的。和高中同学一样，我也完全没想到大学的课程，比如说化学、微积分学和物理，能那么难。据我所知，我那群高中同学没有一个撑过大一的。教授们竭尽所能想把我们这群人踢出大学，以免降低他们的学术水平。由此看来，我的背伤和随之而来的膝盖伤反而帮了我一把，让我能专注于学业，挫败了教授们的企图。除了学业以外，伤痛还影响到我的军事训练。

领完训练服后，我又得到一套军服。当时，州立大学里所有的男生都要参加为期两年的预备役军官训练项目。军服里包括一双黑色皮鞋和一顶军绿色的平顶帽。每周我们都要把皮鞋和帽舌擦得锃光闪亮，穿戴整齐后到体育馆参加训练。我们或成排或成队走着正步，教官则在一旁来回走动，监视着大家的一举一动。那些被提拔成队长的大二学生喊着口号，我们新生则扛着沉重的 M-1 步枪列队前行，练习走出整齐划一的步伐。这种练习对于受伤后的我来说无疑是种巨大的折磨。走队列的时候，我必须挺胸抬头，步枪的重量压在我受伤的腰椎间盘上，疼痛难忍。我不想因为军事训练这件事被退学，所以一句抱怨也没有，默默忍受了两年的军事训练。作为美国公民，毕业之后还要响应国家的号召服兵役，只不过时间和地点都待定。我不想毕业之后还整天惦记着服兵役这件事，所以在大四毕业前，就来到了班戈市的募兵处。

顺利地通过所有测试，我完全符合入伍的标准。对于这一结果，我并不惊讶，因为在这之前，我的身体一直都在慢慢康复，而且还到东非待了整整一年（之后我会详细介绍这段经历）。在了解了我的经历之后，招募官觉得我是前往亚洲丛林国家的绝佳人选，他们需要我深入那里的森林，做些除了打鸟以外的事。我是一名优秀的射手。在不能跑步的那段时间，为了打发时间我经常到训练营里练习射击。负责管理枪支的贝尔中士对我青睐有加，他不仅夸我有天赋，还想把我招进射击队。高中的时候，我和菲尔·波特曾经靠着打杂赚来一把22型来复枪，这把枪也成为我最宝贵的财富。菲尔和我用这把枪进行了很多射击训练。我的静态脉搏十分缓慢，因此能在心跳之间完成一轮射击，降低了子弹的分散程度。

一切进展顺利。招募官微笑着告诉我，我符合伞兵（我的第一志愿）的一切要求。因为有过伤史，现在我只要从医生那里拿到证明信就行了。没问题！于是去找我的校医格雷夫斯医生——我是他那里的常客。"大夫，我需要一份服兵役的证明。"我对他说道。"没问题，明天来拿就行了。"第二天他就写好一封信，还装进了信封。当我去取信的时候，他把信封递给我，说道："本，这应该能帮上你。"

尽管格雷夫斯医生的说法有点奇怪，但我也没想太多，拿着信直接交给了招募官。他从我手中接过信封，然后打开它，看完后转过身背对着我。当他走向另一间屋子去见其他人时，我听到他骂了一句脏话。我满腹疑惑地离开了。不久之后我就收到了他们寄来的新兵役证。18 岁成年时，我宣誓成为美国公民，承诺为保卫国家尽职尽责，在那之后我进行了兵役登记，拿到 1A 兵役证，但我新拿到的兵役证却变成了 4F，意味着我身体残缺，不适合服兵役。所以这就是为什么我最后沦落到了迪克·库克博士的实验室，在那里洗玻璃器皿、干杂事。后来又转到细胞呼吸生理学部门工作。这也是我不能像老左一样在佐治亚州本宁堡（美国陆军的训练基地）或者其他地方参加跳伞训练的原因。

在奥罗诺市的第一周，我的背便受了重伤，但还是成功地加入了田径和越野队。和其他队员比起来，我的个头不算大，爆发力也不像羚羊那么强。长久以来，我一直都把自己和别人做全方位的比较，比个头、比力气、比速度，比来比去就会发现自己哪个都不达标。但是在田径队里术业有专攻：跨栏、短跑、链球、标枪、铅球、中长跑、跳高、跳远、撑杆跳，而我则选择了长跑。不用试图去模仿别人，也没必要和别人比较，这是我在田径队里学到的重要一课。

优秀的长跑运动员们都有一个共同的特点——瘦，而负重运动员（例如铅球运动员或者链球运动员）则和长跑运动员完全不同。这两者代表了两种截然相反的体形、协调性、速度和耐力。而造成这些不同的原因要归结于他们生理结构上的巨大差别。为了能达到人体负重的极限，负重运动员必须拥有健硕的肌肉和厚实强壮的骨骼，才能撑得起重物。他们身体内快肌纤维占有很高比例。快肌纤维中发生的无氧呼吸可以产生爆发力。负重运动员的比赛时间可能只有一到两秒，但为此他们要进行数年的准备。

长跑运动员则要在地面上"漂移"，有时还要持续数小时。他们最好可以拥有类似鸟类的生理构造：肌肉发达的瘦长四肢和轻且细的骨头。决定长跑运动员表现的关键取决于为他们燃烧脂肪的肌肉提供充足的氧气。这就需要很多系统的大力支持，例如他的心搏量（即一次心搏一侧心室射出的血量）要大，心脏搏动的速度可根据需求进行调节。他还需要粗大的动脉、发达的毛细血管、充足的肺活量和分布在肌肉、肝脏及其他部位的大型燃料库。他的细胞里游弋着大量的线粒体。别看线粒体个头小，它们却担当着为身体提供能量的重任。在酶的作用下，这些微小的供能体将燃料和氧气转化成能量，供给肌肉，帮助肌肉进行收缩。短跑运动员和投掷运动员所需的爆发力并非来自线粒体，因此不需要氧气和氧气传输系统的支持。

长跑时，身体为肌肉（以及大脑和其他器官）持续输送氧气的能力会接受最大程度的考验。在这个过程中，心肺功能起到了至关重要的作用，与此同时，血液的作用也不容小觑。作为身体内的运输干线，它负责将氧气分子从肺部运送到线粒体，和肌细胞细胞膜里的短距离运输密切合作。

在红细胞的帮助下，血液运载氧气的能力可提升 100 倍。红细胞是体内运输氧气的工具，在我们体内约有 25 万亿个红细胞，每个红细胞中含有数百万个含铁的蛋白分子，这种蛋白分子被称为血红蛋白。血红蛋白在肺部可以携带 4 个氧气分子，然后将它们运输到毛细血管中，在肌肉中也是如此。血红蛋白又被称为呼吸色素，因为它们在运载氧气时呈现出明亮的红色，在随着血液回到心脏和肺部，卸下氧气后又会变成蓝色。

随着氧气不断被运送到毛细血管，它们在毛细血管里的浓度也不断增加，阻止了血红蛋白运送更多的氧气，即使心脏再怎么努力推动血液循环，氧气都无法被接受。这时就需要另外一种色素相助。肌红蛋白是一种和血红蛋白类似的蛋白，顾名思义，它和肌肉有着莫大的关系，也是肌肉之所以呈现红色的原因。肌红蛋白位于肌肉纤维（即肌细胞）中，和血红蛋白相比，它结合氧气的能力更强，因此可以带走血液中的氧气，引导其进入细胞。氧气就会顺着浓度差从血液中转移到细胞中，为那里细胞所用。

不是所有的肉类都含有肌红蛋白。鸡肉就有白肉和红肉，所以每次聚餐一定会出现白红之争：谁吃白肉（鸡胸肉）？谁吃黑肉（鸡腿肉）？每次我都会选红肉，因为肌红蛋白中的铁是跑步者所需要的。白肉主要由不需要氧气的快肌纤维组成，这种肌肉纤维可以提供爆发力，红肉则主要由需要氧气的慢肌纤维组成，这种肌肉的收缩力不如快肌纤维，但是却具有很强的耐力。松鸡像普通的家养鸡一样，也有着白色的胸肌。它们飞行时简直就像蹿出去的爆竹，爆发出一股力量。不过这种爆发力并不能维持很久。在猛冲过几次后，松鸡就飞不动了。不过，它们利用深色的腿部肌肉倒是能跑上很久。长距离的飞行和长距离的奔跑一样，都需要红肉的支持。莺类、鹬和大雁这样的候鸟都有颜色很深的胸肌，也就是它们翅膀上的肌肉。

人类腿部的肌肉中既有慢肌纤维，也有快肌纤维，因此我们的肉看上去既不是白色也不是深色，而是它们混合在一起所呈现出的粉色。长跑运动员腿部肌肉中含有约 79%~95% 的慢肌纤维，普通人腿部含50%，而优秀的短跑运动员的腿部肌肉中则只有 25%。慢肌纤维通过燃烧脂肪获取能量，需要持续地供氧，因此不会留下乳酸。

每个人身体内的快肌纤维和慢肌纤维比例都不相同，由此也就决定了你是爆发力较强还是耐力更强。科学家们认为，每个人在出生的时候都有自己独特的肌纤维比例，但是有关肌纤维的追踪研究仍然不足。婴儿长大后成为一名短跑或长跑运动员，他身上的肌纤维比例是出生时就已经设定好的呢，还是会受到生活方式的影响发生改变，并在某个阶段固定下来？

研究人员在确定肌纤维比例时，会直接从肌肉上取样（据我所知，这项操作基本上不疼），将标本染色，放在显微镜下进行观察。通过算出两种肌纤维所占的比例，就可以评估你的潜能是适合爆发力强的项目还是适合需要耐力的项目。不过从某种程度上来说，肌纤维的类型会随着训练发生变化。最近科学家们发现快肌纤维有两种类型：a 型和 b 型。a 型快肌纤维比 b 型更厌氧，这是在运动训练中发生的改变。在普通人体内，a 型和 b 型平均分布在 50% 的快肌纤维中，但是优秀的马拉松运动员则几乎没有 b 型快肌纤维。研究表明，支配肌纤维的神经决定了它们的类型。一个神经元可以同时激活无数纤维，这个过程发生在一个被称为运动单位的结构中。快肌纤维运动单位通常由 1 个神经元和 300~800 个受其支配的纤维细胞组成，而慢肌纤维运动单位则由 10~100 个纤维细胞组成。运动不仅会改变纤维细胞的生化调节，还会影响到支配它们工作的神经调节系统。

两种类型的肌纤维在一起促成了人们身体的灵活性。这样我们既有爆发力又有耐力，但这种灵活性其实是一种妥协。优秀的短跑运动员一定会缺乏耐力，而优秀的长跑运动员会失去爆发力。那么问题来了：为什么两者不可兼得呢？对于肌肉来说，耐力就一定要以牺牲爆发力为代价吗？这可能是因为肌肉中空间有限，在耐力型肌肉中（慢肌纤维为主的肌肉），为了能保持很多重复收缩，本该是肌纤维的空间就会让给线粒体、毛细血管网、细胞膜、肌红蛋白和心肺支持系统。而厌氧的快肌纤维则不需要即时供氧，也不需要燃料储备、废物处理和温度调节。这两种肌肉，一个就好像赛车，速度快，爆发力强，轻装上阵；另一个则像是越野车，必须要携带充足的补给才能越过沙漠。

很多因素都会影响到中长跑运动员的表现，它们共同作用，为中长跑运动员提供持续的动力。这些因素可以通过机体处理大量氧气的能力来衡量。在处理氧气的过程中，细胞层面的有氧代谢才会启动。我们身体处理氧气的最快速率取决于以上我所提到过的所有变量以及其他更多的变量。人体在持续稳定运动中，每分钟能处理氧气的最大体积简称为最大摄氧量（maximal oxygen consumption，VO_2 Max）。优秀的长跑运动员通常都具有高水平的最大摄氧量。

但是最大摄氧量并不是耐力的限制因素。没有了燃料，即使是法拉利也动不起来。不过，人类不像法拉利那样，没了能量来源会立刻熄火，在这之前，我们会觉得越来越累，跑得越来越慢，直至最后完全停止。因此，对于长跑运动员来说，他们在长时间奔跑的过程中，还必须同时具备调动身体储备燃料和供应能量的能力。

跑步时，那些并非直接参与的生理过程也同样重要。长跑运动员在跑步时会有大量的代谢产热，因此要需要通过流汗进行散热。这一过程复杂精细，涉及身体内的水盐平衡和血液流动（血液有多种去向：流到皮肤散热、流到消化系统或者能量储备处）。肝肾也要持续运作，将新陈代谢产生的废物排出体外。举重运动员、跳远运动员、投掷运动员和短跑运动员的细胞中有足够的燃料，在运动时，不需要氧气来燃烧燃料，也不用解决散热或者排除废物的问题，所以他们可以将体内的大多数活动暂时搁置，主攻爆发力。运动时，要从占优势的快肌纤维中快速释放出大量能量，转化为生物动力，获得速度和灵活的协调能力。

对于跑步运动员来说，生物动力的效率也值得关注，尤其是长跑运动员，燃料和能量的使用效率对他们来说至关重要。所有的动作都必须和谐统一。为了完成一项综合性的运动，一个巨大的反射机制、几百块肌肉和几千块肌肉单位共同工作，配合得天衣无缝。无论运动员是否有意识地去做，他的手臂摆动总是精准地和腿部运动协调。最有效率的跑步中，步伐、手臂摆动、呼吸频率和心跳通常都不一样，某项会是另一项的几倍。随着发力的速度改变，这些倍数关系将会发生改变，但这种协调性仍然保持不变，就像在身体内奏响了一曲和谐的交响乐。不过在比赛中，根据进程和对手的不同，这种节奏会随着策略的改变而发生变化。

在比赛中，我们只需要比拼一些连一个健康的孩子都能做到的简单动作，跑、跳、投掷，这体现了简洁与和谐之美。身体都恰到好处地参与其中，没有任何多余的步骤。我在大学的田径场上就看到了这些动作的升级版，看到人们为追求极限和卓越而付出的不懈努力。

在过去的一百年内，各项赛事的世界纪录平稳提升，这看上去像是人类生理进化带来的结果。虽然我们并不清楚导致世界纪录变化的所有因素以及它们之间的关系，但有一点是可以确定的——这并不是生物进化带来的结果。也许在冰河世纪，进化还能左右我们，毕竟那时人类刚刚聚集成一个个孤立的小部落，而且还会因为身体上的缺陷经常面临死亡的威胁。时过境迁，我们现在已经形成史无前例的人类共同体。在这个大群体中，从某种性状遗传的角度来说，任何一种可能提高生理性能的变异都会被淹没在茫茫的人海中，而且我们现在也不会因为跳不高、跑不快、举不动就被大自然淘汰。

尽管我很想就此推断，世界纪录会这样永远增长下去，但可惜事实就摆在眼前，人类的运动极限不会无限提升。仅仅在一个世纪以内，收益递减的效应已初见端倪。尽管营养不断改善、人口翻了两番，尽管人们对运动员的期望迅速上升（一开始只是几个疯狂的英国人，到后面扩展到全世界各个阶层的人），运动员本身也在先进的训练馆进行全职训练；尽管运动器材变得更加精良（鞋子、撑杆、标枪、跑道、无浪泳池、符合空气动力学或者流体动力学的运动服），几十年内，世界纪录也只是以几分之一秒之差被打破。国际竞技的门槛越来越高。现在还有不少大学生梦想着通过业余训练就能在奥运会上崭露头角（我也曾这样想过），但事实是仅仅通过业余训练根本无法从六十亿人口中脱颖而出。业余训练的方式已然不适用于现在的运动赛场。

吉姆·索普可以算得上是 20 世纪最优秀的一位运动员，但因为在一场小型棒球比赛中接受少量贿赂被剥夺了奥运会上获得的奖牌。

现在所有参加奥运会的选手都会或多或少受到帮助，有些甚至接受了"全方位"的帮助。一些短跑和举重赛事被笼罩在兴奋剂的疑云中，使用这些提高肌肉爆发力的药物能帮助运动员获得更好的成绩。实际上，在各种竞争激烈的国际赛事中，一旦运动员出现异于寻常的表现（也就是那种远远超出一般水准的表现），人们首先想到的就是他是否使用了兴奋剂。这种先入为主的思维模式会降低运动员破纪录的概率（尤其是在学校赛事中破纪录）。为什么这么说呢？因为在比赛中，人们会为了荣誉而拼尽全力，而如果被认为服用了兴奋剂，对于运动员来说，会是一件很丢脸的事。所以一旦人们将破纪录的表现和兴奋剂自动联系起来，几乎就不会有人（职业运动员除外）再愿意拼尽全力。他们不想因为自己优秀的表现而被怀疑是作弊。

据报道，有长跑运动员为获得好成绩，将体内的血抽出，在开赛前重新注还其体内以增强血液的氧化能力，这种行为被称为血液回输（blood doping）。除去道德伦理上的问题，血液回输还面临着操作上的风险，效果也不好界定。我们必须清楚，失血时人的身体会将血液补充到身体所需要的水平。所以，据我推测，对于没受过训练的人来说，血液回输可能会提供短暂的助力，但对于受过专业训练的运动员来说，血液回输甚至可能会对他们造成伤害，因为经过长期锻炼后，专业运动员体内的各项功能已经达到一个微妙的平衡。和普通人比起来，优秀长跑运动员体内通常都有较高的血液含量和较少的红细胞，其作用是降低血液黏稠度和对心脏的负担。所以对他们来说，额外的红细胞反而是负担，血液回输其实相当于画蛇添足。

幸运的是，总体来说跑步尤其是长跑还是公平的，这也是跑步的

　　　　　　　　　　　　　　　　　　　人类为何奔跑

魅力之一。当你跑上 1 万米或者参加一场马拉松比赛的时候，就像是启动了一台机器，无数个零件在其中协同合作，每一个零件都很重要，缺一不可。你的体内不会有多余的部件，每个部件也不会有额外的功能。要想提高整体表现，必须同时将每个部分的表现都提升起来。所以，有这样一种能改善所有系统的灵丹妙药吗？也许有，但正因为人体内各个系统的协调工作，只通过某种方法来提高单一部分的性能，其实只是将其限制因素转移到另一环节上。能同时影响到体内所有系统并且产生持续影响的因素位于我们的大脑，那里也是我们勇气的来源。除此以外，我觉得安慰剂、信念和针对某项运动的特别训练都能影响到我们。

只要跑起来，进行速度和耐力的训练，所有位于这套错综复杂系统中的相关因素就会被立刻调动起来。也就是说，通过跑步就能提升跑步所需要的复杂性和效率。不需要用举重来训练跑步。自从上次受伤后，我再也没有碰过哑铃，也从来没有吃过任何提升表现的药物。为了提高跑步表现，我唯一所做的就是跑步。

斯蒂尔纳教练曾经就读于新罕布什尔大学。他告诉我们，自己在大学上了那么多课，学到的东西几乎没用，而田径教会他的则让他受益终身。比如，要想到达某个地方，你不能瞬间转移，而是要一步一步地、按照正确的顺序、走够足够的步数才能抵达。跑步时只有完成了前三圈，才能跑完最后一圈。这里面有一种真理、一种美和一种不可侵犯的对称性。每一步都很重要，每一步都是美的体现。它们在一起，形成了步伐，从整体的层面来说，也就是速度。

生理学和跑步都是我感兴趣的领域。我迈着大步，以运动员和大学生的双层身份稳步向前，并且有望顺利毕业。大二那年夏天，我又去到缅因州北部位于阿鲁斯托克县的森林，在那里找了一份工作。这一次，我不再是孤身一人，而是恰恰相反，和几百个法裔加拿大伐木工混在一起。每年夏天，他们都会来到美国砍伐树木，为造纸厂提供造纸用的木材。除我以外，国际造纸厂还雇用了其他几个林业专业的学生，我们的任务就是为公司选择要砍伐的树木（不过后来这家公司抛弃了选择性砍树的原则，又走回乱砍滥伐的老路子）。一周有五天我都会拿着喷漆罐走进森林，在可以砍伐的树木上做标记。每天清晨，我们会在小厨师（大厨的助手）的铃铛声中醒来，从床位上一跃而起，冲向厨师所在的小木棚，在长桌前找一个位置坐下来，开始享用丰盛的早餐：鸡蛋、火腿肉、麦片、甜甜圈、蛋糕、饼干、咖啡、茶……吃完饭后，大家一头扎进森林，开始工作。傍晚五点的时候，我们收工。晚餐是典型的伐木工人食物：肉、土豆、蔬菜和馅饼。吃饱后，我在床位上稍作休息，然后穿上靴子，从营地出发，沿着坑坑洼洼的泥土路开始跑步。每天都会这样跑上好几英里，可能正是这种积极的锻炼治好了我的后背。这是之前没有预料到的。

所以那个秋天当我回到学校的时候，整个人都焕然一新了，营养充足，身体康复。经过去年的低谷期，现在变得更有动力。热情高涨的我成了队伍中的核心人物，经常会和队友嬉笑玩闹，说我们是一群野兽。每场比赛前，我们都会在起跑线前大笑大叫。我们跑得越好，就越发觉得"野兽"其实是个褒义词。后来，我们不仅赢得了州赛洋基体育协会比赛，还取得了那年在纽约举行的全美高校业余东区赛的参赛资格，并奇迹般地赢了，成为密西西比河以东最好的队伍。我的队友和室友、来自厄普顿（就在我家乡附近不远）的弗雷德·贾金斯获得个人全能奖：一个了不起的奖项。比赛前一天的晚上，我们到麦迪逊大道上的一家餐馆吃饭。弗雷德把我们都惊到了。他吃了两份牛排、两个巨型烤土豆、两份苹果派和冰淇淋。对于弗雷德来说，所有事情都要加倍，包括后来他作为直升机飞行员在越南的两次服役。

赛场上大胜的同时，我也潜下心来开始学习。还在食堂打工洗盘子，同时增加了另一项工作：清理学生会留下的脏咖啡杯。令我吃惊的是，我居然慢慢喜欢上了一些课程，成绩也由 C 提升到 B。很快，便入选院长奖励名单，一般是成绩在 B 以及 B 以上的学生才有这样的资格。对于普通的田径运动员来说，这可能并非什么难事，但对于我来说，确实是一个了不起的成就。要知道，当初我申请了五所大学，有四所都将我拒之门外。教练在校报上发表了一篇文章，介绍我们田径队的学业成绩：我们队员的平均成绩比其他任何一个社团的都要高。戴维·帕克是我们队伍中最好的短跑运动员，他不仅在州赛和洋基体育协会四分之一英里的比赛中取得冠军，学业成绩也取得全 A。要知道他学的可是工程物理学，能取得这样的成绩实在令人惊叹。

颁奖仪式于冬天举行。在一场特殊的晚宴上，我们收到了带有各自名字的字母。我的是一个大大的蓝色字母 M，象征着我已经是越野赛队伍中的一员。除此以外，还收到一件深蓝色夹克，上面绣有一个大大的浅蓝色字母 M。所有人都满怀自豪地把自己的字母穿到身上。颁奖仪式结束后，我们选出了明年越野赛队伍的队长。

吃完大餐、听完演讲后，计票开始了。我既好奇又紧张。本来特别想给自己投票，说不定这就是能打破平局的关键一票呢。但还是按捺住这个冲动。我们将各自的选择写在一个小纸条上，折起来交给教练。教练和其他领导一起坐在首席，他将纸条一一打开，分成不同的堆。然后他宣布："明年的队长是——本·海因里希！"那一刻，我的内心百感交集。

大学是一个奇妙的地方。我喜欢和朋友一起上课，学习那些深奥而又新奇的知识。上完课后，我们在教室的小隔间喝着咖啡放松一下，与面带微笑、美丽的女同学们谈笑风生，看着不同兄弟会的成员们穿着颜色不同的亮色外套走在路上，看上去格外显眼。我从来没参加过兄弟会。一方面，确实没时间参加兄弟会组织的各种派对；另一方面，我不擅长交际。但我在越野赛队伍中找到了归属感。在那里，我是被需要的，所以也绝不会让他们失望。共同努力，我们就有机会再次夺得州冠军，而不是新英格兰冠军。

但我却让队友们失望了。就在我被选为队长后不久，60多岁的老父亲突然告诉我，他要和母亲一起去完成最后一次远行。希望我也能和他们一起，前往非洲。非洲，我只从奥萨·约翰逊、卡尔·E. 埃克利和其他人的书里了解过这块神秘的土地。在我的眼中，非洲就是探险家们的终极乐园。毫无疑问，这是一次千载难逢的好机会，也是我唯一一次能和父母待在一起，去见识早就向往的地方。在哈恩海德森林和来到缅因州的第一年，父亲总会在睡前给我们讲他在遥远丛林里冒险的事。后来，父母离开了家，我就去友谊中学当了6年的"孤儿"，和父母见面的次数屈指可数。我真的很想为田径队效力，不想辜负教练和队友，但是经过慎重的考虑，我知道自己别无选择，那就是去非洲。几年后，当我回首这段往事的时候，才意识到这段在非洲的经历深深影响了我对跑步的看法。

1961 年到 1962 年间，我在非洲待了 13 个月。这期间，我的工作就是捕鸟，并将它们剥皮，为将它们制成博物馆需要的标本做准备。没有休息日，也没有工资，因为父亲觉得能让我跟来已经很不错了。他们受雇于耶鲁大学皮博迪博物馆，寻找位于偏远山区的珍稀鸟类。我和几个当地人一样，都是他们的助手。除了捕鸟之外，我唯一还能做的就是帮父亲收集昆虫。

帐篷既是我们的生活场所，也是我们的工作场所。我的帐篷很小，里面放着一个睡袋。大多数时间，我在野外都拿着一把猎枪、背着一个袋子，寻找猎物。傍晚时分，会和那几个当地人穆罕默德、瓦齐里、百家利围着篝火坐成一圈。天黑后不久，我就钻进自己的小帐篷，借着微弱的烛光，在日记本上潦草地写下几笔。清晨，母亲为我们煮好麦片，我从帐篷里爬出来吃了几口后，就向森林走去，独自一人开始当天的工作。我也不需要工资。21 岁时我追逐着新的声音、新的鸟儿，一跑就是一整天，而且一点也不觉得累。似乎又回到了在哈恩海德森林里度过的那段时光，想尽可能多抓些鸟来吃，只不过现在那些最小的鸟类可能反而是最珍贵的。现在我已经不是为了食物来抓鸟，这种捕猎行为本身就是最大的奖赏和动力。

从沙漠灌丛中看去，远处的乞力马扎罗山若隐若现。每天漫步在森林中，我能听到鸡鹑、雌珠鸡、犀鸟、正在表演二重奏的拟鹭以及其他几百种不知名鸟儿的叫声，看到短尾雕和秃鹫在空中盘旋，闻到金合欢树的芬芳。一群颜色艳丽的花金龟和蝴蝶围绕在树上的花朵周围，忙个不停。走在巨大的猴面包树下，皱巴巴的灰色树皮看上去就像大象的皮肤，树皮的缝隙中涌出很多蜜蜂。我看到犬羚和长颈羚奔跑过的痕迹，还有留在红色沙土路上的人类脚印，那些脚印一路延伸到远处的茅草屋。到了晚上，那里会传来篝火的味道和遥远的鼓声。

在这里，我不需要奔跑，但是当我们靠近泥土路时，只要时间允许，我总是会跑上一段。有一次，在梅鲁山的一段山坡上，我脱掉鞋子，光着脚就跑了起来。我曾看过当地的非洲人这样跑，也曾看过埃塞俄比亚的阿贝贝·比基拉在奥运会马拉松比赛中这样跑过，当时他获得了冠军，并创造了世界纪录。我也像他们一样，脱下鞋子，在土地上奔跑。不过当跑到一个小池塘时（我通常都会在这里转弯），我发现脚趾缝间已经渗出了鲜血。按理说，这时该停下来休息，但是天色已晚，不管我再怎么警惕，藏匿在森林里的食肉动物们都有可能向我发起突袭，所以不但不能停下来，还必须要加速。体内肾上腺素的分泌让我暂时忽略了疼痛，就这样安全地跑回到营地，但是也付出了惨痛的代价。我的脚底脱了一层皮，看上去像生汉堡。在接下来的两周内，连路都走不了。对于跑步的人来说，长期的体能训练必不可少，它可以强化身体的各个部分，从头到腿，也包括脚底。

从非洲返回后，我在缅因大学的跑步表现仍然维持了很好的状态，但却算不上优秀。我那几百美元的希尔曼小破车经常会半路抛锚，有一次，为了让它能启动起来，我又像平常一样沿着山坡把车向下推，没想到却弄伤了膝盖里的几片软骨。最终膝盖需要接受手术，而那辆小破车也彻底报废。

我觉得自己还远远达不到优秀的水平。在越野赛的队伍中，我得到了属于自己的字母，也获得过几次胜利，这些都是我曾经无法想象的，但我却做了。不过可能有一件事除外。

在体育场的跑道上有一面墙壁，上面挂着很多名牌，名牌上记录着曾经创下全校纪录的所有人的名字和成就。我无数次从这些人的名字前跑过，现在他们已然成为一段传奇。在我读书期间，还有人努力想让自己的名字上墙，但对于我来说，这似乎是遥不可及的一件事。后来，我终于在自己的强项——2英里长跑——上取得了突破，那时，让自己的名字上墙似乎变成一件虽然遥远但却能触及的事情。有了这样一个现实的目标，我在训练时也更有动力了。最后，在体育场的最后一场比赛中，我觉得机会来了。虽然一直都是个不自信的人，但这次我决定放手一搏。

体育场里赛道的长度有限，1英里要跑上好多圈，很难一边专心跑步一边数圈。跑的时候，我优先关注着自己的速度，当我知道自己已经达到有记录来最快的速度，我明白只要保持着这个速度就好，当最后一圈的信号枪响起时，我就开始冲刺了。

一切都进展顺利。在赛程四分之一、过半及最后一英里的时候，我都听到了教练的加油声。按着自己设想中的速度稳步前进，这时觉得全身充满了力量，就等着最后的全力冲刺。人们都挤到赛道旁，兴奋地大叫着。赛场上的氛围愈发浓烈。一圈，又一圈，很快我就接近了终点，焦急地等待着最终圈信号枪的响起，开始最后的冲刺。人们的欢呼声越来越大，我也终于听到期待已久的信号枪声。不过奇怪的是，枪声由平常的一声变成了急促的两声，而此时我至少已经在最后一圈中跑出了10米。不过没关系，也许他们知道我已经达到了创纪录的速度，响两声是为了强调。我带着梦想，奋勇向前冲刺。

我的最后一圈可能是有史以来最快的赛后跑：我多跑了一圈。拿着发令枪的教练自己弄错了圈数，所以他发出的信号枪不是让我冲刺最后一圈，而是让我别跑了。我已经跑完了，没能破纪录，但是比纪录速度只慢了 0.2 秒。当我在跑真正的最后一圈时，我以为还没到，于是也就没发力。而真正冲刺起来的时候，比赛已经结束了。

没想到这种乌龙事件居然会发生我身上（据我所知，缅因大学里从没有发生过这样的事），而且还出现在我的最后一战中（我跑过那么多次），实在是太奇怪了。不过塞翁失马焉知非福，之前也发生过很多类似的事情，那些看上去很糟糕的事情最后都变成了好运。那这一次呢？这一次我又会有什么好运呢？也许它提高了我对跑步的热情，也许转移了这份热情。唾手可得的目标会激起人最强大的动力，但那些遥远且还未获得的目标却能提供最为持久的动力。这场比赛的结果让我极度失望，但正是这种挥之不去的失望之情激励着我想要再度尝试：17 年之后的那场距离更远的比赛。后来，我还在坚持跑步，但也只是作为业余爱好。我确信自己的职业生涯已经结束。

跑步运动员都很理性。他们必须如此。尽管怀揣梦想，但也要学会面对现实，不被一厢情愿的想法带偏，越走越远。跑步运动员就像狼这样的捕食者，总是明智地选择自己的猎物。他们不会去追逐像羚羊这样的飞毛腿，因为知道自己肯定跑不过羚羊。20 世纪 60 年代到 70 年代，那些为了梦想而努力拼搏的运动员们还有可以施展拳脚的赛场，他们中有一些也崭露头角，成为一代英雄，这样的结果可能是当初自己都没有想过的。这些人是我童年以及长大后的偶像：吉姆·赖恩、赫布·埃利奥特、彼得·斯内尔、弗兰克·肖特、比尔·罗杰斯、比利·米尔斯、拉塞·维伦、史蒂夫·普雷方坦……他们渴望成为最强者，从某种程度上来说，也确实做到了。不过当时我和高中以及大学队友们之所以崇拜他们，是因为自己的小心思。我们都觉得自己和这些英雄没有太大差别，我们深信，如果能像他们一样努力，自己也能成为最强者。

现在各项赛事的纪录已经被拔高到难以想象的高度。多么戏剧化的结果！凯文·赛特尼斯是一位超级马拉松选手，同时也是一位教练。2000 年 6 月，他给我写了一封信。

在我看来，美国人的跑步能力已经陷入了低谷期，这一点毋庸置疑。一些项目的最高纪录已然固定，除了极少数特例以外，现在运动员的表现远远比不上 15 年前人的表现。波士顿马拉松比赛的第 10 名在 20 世纪 80 年代中期仅能排在 100 名。1983 年，我在德卢斯马拉松比赛中位列第 51 名，用时 2 小时 25 分。在上周的德卢斯马拉松比赛中，一个比我当年慢了 11 分钟的人居然排名第 10。奥运会的选拔赛就更不用说了，和其他很多赛事一样，水平严重下滑。

现在跑步的人数量比过去任何时候都要多得多，但他们只是把跑步当成业余爱好，或者视为锻炼身体的一种方式，当然也可能有些社会因素，比如进行社交。在这群人中，如果有人马拉松比赛能跑进 2 小时 20 分（这个成绩在 100 年前能打败所有的马拉松选手），他会愿意和一堆来自其他国家、大部分成绩在 2 小时 10 分以内的人同台竞技吗？反正我是不会去的。当年我未能打破体育场内 2 英里的纪录，那时就知道自己应该另谋出路了。

在友谊中学的时候，我读过很多知名探险家和科学家的故事。他们中有现实生活里存在的人，也有虚构出来的文学角色。美国作家辛克莱·刘易斯在长篇小说《阿罗史密斯》（*Arrowsmith*）中塑造出一个理想的科学家形象：戈特利布教授。戈特利布教授在实验室里努力钻研，对他来说，试管和煤气灯就如同圣物一般存在。戈特利布教授的事迹令我备受鼓舞，因为科学家的成就来源于他们持之以恒的努力。沿着某个方向，一步一步脚踏实地地走下去，从这点来看，科学家和运动员都是一样的。科学家们专注于自己的实验，不会为了名利而大肆宣扬或者卑躬屈膝。

毕业以后，因为我拿到了 4F 级的征兵证，所以没能当成伞兵，而是在迪克·库克教授的实验室里当助手，做着洗刷器皿的活。对我来说，迪克·库克就相当于戈特利布教授的化身。从他那里，我学到了如何用煤气灯将试管加热得恰到好处，如何培育无菌的眼虫。不知不觉中就走上了研究眼虫呼吸机制和代谢机制的道路。有一天，迪克教授对我说道："为什么不把你现在研究的东西写成硕士论文呢？"他为我指明了一个新的征程，一个我之前从没有想过的比赛。突然之间，我有了获胜的可能性。这一次，我不再是为了争取让自己的名字上墙而去努力打破纪录，而是要去探索可能的新发现。在这场全新的比赛中，我的热情转向了另外的事物，但我所做的实验却仍然可能和跑步有间接的关系。

运动员们普遍认为，我们的氧气消耗率等同于持续能量消耗率。

因此，最大摄氧量经常被视作是人体最大输出功率，或者衡量长跑能力的标志。很多情况下，也确实如此，但如果德里克·克莱顿、弗兰克·肖特或者阿尔贝托·萨拉查知道这个道理的话，他们可能就不会试图创造世界纪录和奥运会纪录，因为他们的最大摄氧量约70，和其他人比起来偏低。比如史蒂夫·普雷方坦的最大摄氧量就为84.4，他可以3分54秒跑完1英里，但是他的马拉松成绩却远远比不上刚才提到的那三位。毕竟，那三位运动员创造过世界纪录，获得过奥运会金牌，在马拉松界称霸一时。为什么会这样呢？这是因为他们可以从相同的氧气量中获得更多的有氧能量，也就是我们所说的效率。众所周知，孩子并不擅长跑步。跑步时他们会吸入大量氧气（和受过训练的成人相比），即使他们的最大摄氧量大大提升也跑不快。幸运的是，我并没有被有氧能力所限制住，否则也不会想要追求任何需要强大肺活量才能完成的活动。最后我发现，自身所拥有的东西其实并没有自己的努力来得重要。

　　跑步效率的提高需要神经肌肉的协调运作，这可能需要数年的训练才能达成。如果跑步的步伐非常流畅，没有任何多余的动作，也没有颠簸和手臂的侧挥，再加上没有额外的负重，跑步的效率就会大大提高。我在缅因大学和迪克·库克教授一起做了一系列的生理学研究，得出的结果不禁让我思考，力学效率和细胞层面的代谢效率也许并不会影响到跑步效率。我和迪克教授培育了眼虫——一种通过挥动尾巴（鞭毛）在水中移动的单细胞原生动物。它们既可以通过光合作用获取能量，也能从醋酸盐（我们人体在分解含有多碳链的脂肪分子用作燃料时，也会产生这种含有两个碳原子的化合物）中获得能量。眼虫可以像人类一样，从葡萄糖中获取能量。人体肌肉和肝脏中的糖原（葡萄糖储存的形式）被分解后变成葡萄糖，为身体供能。

迪克和我将醋酸盐和葡萄糖分别溶解到眼虫所在的培养基中，给它们提供食物。然后我们测量了它们的氧气摄入率，并惊讶地发现，从氧气消耗的速率（也就是预估的代谢率）上来看，醋酸盐溶液中的细胞是葡萄糖溶液中的细胞数量的四倍，不过两种溶液中，细胞的蛋白质合成速率、细胞生长速率和质量却没有任何区别。当我们给葡萄糖溶液中的细胞提供醋酸盐时，它们的呼吸活动并没显示出立刻增加的趋势。不过，一段时间过后，这些细胞开始消耗大量氧气，在细胞适应醋酸盐的这段时间，我们检测到某种酶的快速增长，这种酶是细胞在利用醋酸盐时会用到的酶。我们随后清洗了两种细胞，检测它们在没有基质情况下的氧气摄入情况。结果显示，醋酸盐溶液中的细胞会消耗更多的氧气，但是它们的净能量生产和葡萄糖溶液中的细胞相当。除此以外，醋酸盐溶液中培养的细胞会分泌一种酸性物质，这种酸性物质随后会杀死小眼虫细胞，而在葡萄糖溶液中的细胞则会健康地生活下去，继续分裂增殖。

我并不是想说这些结果也同样适用于运动员。不过，它们确实反映出氧气消耗率（最大摄氧量的基础）并不一定代表细胞能量消耗的速率。由此我们意识到，在运动中，代谢效率可能和力学效率同样重要。

食物分子被摄入体内后，要经过很多步骤，其中含有的能量才会被转化成三磷酸腺苷（ATP）和磷酸肌酸（CP）。三磷酸腺苷和磷酸肌酸是肌肉伸缩的直接能量来源。在这些复杂的转化过程中，每一步都会有潜在的能量损失，所以如果代谢的步骤很多，细胞层面的效率就会降低，而且涉及范围很广。细胞层面的低效率并不会被视作影响运动表现的变量。如果它真有影响的话，那长跑运动员、短跑运动员和举重运动员之间就会有很大差异。因为长跑运动员主要依靠线粒体呼吸供能，这其中会有无数代谢步骤，而短跑运动员则可以利用之前无氧代谢留下的 ATP 获得 3~5 秒的冲刺。无氧代谢发生在细胞质里，而不是线粒体里。糖原分解后的进一步无氧代谢使她能多跑半分钟左右。长跑运动员在长跑时身体不断产能，能量源源不断地从胃部送到细胞中的线粒体里，通过有氧代谢为肌肉伸缩提供 ATP。

观察像眼虫这样单细胞生物的代谢过程，也许能对我们研究人体有些启发。线粒体是人体内唯一为所有有氧代谢提供能量的细胞器，有了它，我们才拥有持续运动的能力。而从进化学的角度来说，这种重要的细胞器可能是由细菌进化而成的。所以我们到底该把线粒体看作是细胞器，还是寄生在人体内繁殖的高度适应性细菌？两种说法似乎都有道理。线粒体仍然拥有自己的 DNA，而且比人体的染色体 DNA 更容易变异，因此很可能它们的代谢也是可变的。因此，有氧代谢的效率可能会因人而异，从而影响到最大摄氧量或者最大摄氧量的输出功率。所有的线粒体都来自于母体的卵细胞，所以如果线粒体效率真的有个体差异，那长跑能力可能还真有遗传的因素，想知道某人的线粒体效率高不高，看看他的母亲也许就能得出答案。

在两年的时间内，我和迪克·库克合作发表了三篇有关眼虫代谢的论文。一扇新的大门就此打开，里面的风景令我沉醉不已，我觉得自己现在做的这些事会比挂在运动场那面墙上的名字更为长久。我们发现了一种新的代谢途径。之前无论是在赛道上，还是在本科的学习中，我总会有觉得特别难或者坚持不下去的时候，但在面对这些研究时，我游刃自如。我们每天都会去实验室，研究对我的吸引力如此之强，连周末我都会泡在实验室里。

一次，我面对着院里所有的教职工和动物学专业的研究生，将自己的研究做了口头汇报。后来，我和迪克一起走出阶梯教室的时候，迪克拔出嘴里的烟斗，用他那低沉温柔的声音说道："本，我很久都没有听过这么好的报告了。"虽然这明显是个谎言，因为当时台下的人明显对我的报告不是很感兴趣，但迪克既然这么说了，我还是很高兴，只要他能满意就好。再后来迪克对我说道："你已经赶得上博士的水平了，但我不会让你在我这读博的。你要离开缅因州，去见见世面。"

我之前曾提到过，眼虫完全可以不用从外界的食物中获取能量。给予光照的时候，它们会迅速生成自己的能量发生器：一种名为叶绿体的小细胞器。叶绿体可以直接利用太阳的能量。就像线粒体起源于细菌一样，叶绿体也有着非常古老的起源。它们由几亿年前的藻类进化而来。那些藻类曾经侵占过眼虫祖先的领地，还有一些和现在的某些植物也存在亲缘关系。它们和动物体内的线粒体一样，也有着独立的 DNA。

在迪克的建议下，我开始分析处于细胞分裂周期内眼虫的 DNA 和 RNA，但是我们却没办法区分出不同的 DNA。后来我和迪克一起开车去纳拉瓜古斯河钓鱼，在漫长的旅程中，迪克和我聊起了这方面的研究，并建议我去加州大学洛杉矶分校攻读博士学位。"那里有很多原生动物学家和分子生物学家。你应该去研究染色体外 DNA，我们对这一方面了解得实在是太少了。"他的建议让我兴奋不已。

我的助教奖学金还剩一点，于是我就用这笔钱买了人生中的第一辆车（第一辆功能完好的车）：二手白色普利茅斯彗星。我把一包衣服和一个睡袋塞进后备厢，就这样启程了。夜里我将车停在人迹稀少的路边，睡完一觉后，第二天早上赶到下一个有餐馆的地方吃早餐。越过加利福尼亚州的州界线后，先是去了马里布海滩冲浪，然后在当天下午穿过红桔林，抵达加州大学洛杉矶分校。走进动物学院的大厅，我遇到一个学生。他的室友刚从公寓搬了出去，所以他需要将公寓转给别人。一周之内，我就找到了一个愿意和我合租的新同学基蒂·潘扎雷拉。我们一起搬进格林菲尔德路上的一间小公寓，后来她成为了我的妻子。

　　那一年是1966年，我从缅因州的穷乡僻壤里来到大都市洛杉矶，一切都是那么新奇。还记得沿着圣莫尼卡高速公路一路前行的场景：六车道（不仅如此，还是双向车道），那么宽的道路！一层蓝色的雾气覆盖着远方被棕榈树环绕的群楼。透过这层薄雾，我还看到了纵横交错的金属管、贮水池和吐着白烟的烟囱。开车的研究生同学摇下车窗，打开收音机，将音量调到最大。收音机里传来了大门乐队主场吉姆·莫里森催眠般的韵律：点燃我的火焰、点燃我的火焰，点燃整个世界……奇怪的歌词。大家喝着啤酒，汗水顺着脸颊流了下来。我们的目的地是位于格里菲斯公园的友爱大聚会。那里聚集着一批喝得醉醺醺的嬉皮士。他们留着长发和络腮胡，穿着喇叭裤，脸上挂着大大的笑容。现在回想起来，那时的场景还是很不真实，我是去了趟月球吗？

　　我的导师很支持我，妻子也很爱我，我还有一笔可观的研究经费，但这一年来不管怎么努力，我的研究还是没有多少进展。DNA 的研究似乎和我渐行渐远。我像是一个突然意识到自己没有爆发力的短跑选手，不管怎么努力，胜利都不会青睐于我。在迷茫中徘徊，取得进展的希望愈发渺茫。

一切似乎都脱离了我的掌控，唯一不变的只有塑胶跑道。每天下午或晚上，我都会去那里跑步，只是单纯地想跑步，没有比赛的念头。不过我们经常跑步的人还是组成了一个业余团队，取名"白蚁小队"。白蚁是典型的群居动物，虽然动作不快，但是靠着毅力和合作能咬穿坚硬的木头。我们通常跑四分之一英里到半英里，后来他们还说服我参加了院级的 1 英里比赛。队里有一个人谈论过自己的梦想，希望有朝一日能去参加马拉松（26.2 英里），当时我觉得他就是在白日做梦。我至少还能尝试着去理解线粒体和叶绿体 DNA（虽然很难），但我没法想象跑上那么远的距离，更别说去参加那样的比赛了。

人类为何奔跑

第七章　如何减少昆虫的持续飞行时间？

你且问走兽，走兽必指教你。

——《约伯记》第十二章

科学探索是一场游戏，如同打猎。在近代，两者都是为了追寻乐趣，最后产出一定的成果。不过问题在于，生命这片丛林太过茂盛，你永远也不知道潜伏在其中的是什么。如果出现了一个大家伙，你又有充分的能力去追逐它，那么可以去尝试，但这并不意味着你就一定会成功。我本以为自己得有一些惊世骇俗的发现，类似于发现基因、解码基因密码或者阐明线粒体生长机制这种，才能获得博士学位。而事实上，正如我在上文中提到的一样，结果并不如意。不仅如此，来到缅因大学后，我的跑步能力也很快退化了。我没法从基因里找到想要的数据，也意识到自己并非攻读分子生物学的料，我需要新方向。在这个过程中，手脚和膝盖的关节也莫名其妙地疼了起来，为此我还不得不挂了半年的拐杖。这就如同缅因大学背伤事件的再现，身体上的"残疾"给了我更多泡在图书馆的时间。我对虎甲、蜜蜂、毛毛虫、蝴蝶和天蛾的行为与生理构造进行了全方位的观察和研究，试图从中找到足够有趣的东西（有价值且新颖的发现）。最后我将研究的重点落在了天蛾的运动生理和温度调节机制上。这是一个幸运的选择，因为我从中发现了很多意想不到的东西。

　　昆虫可能告诉我们些什么呢？它们和我们是如此不同，以至于它们完全可以跑到另外一个星球上生存进化。众所周知，昆虫没有大脑，而有一簇簇不同类型的神经元。它们没有血管、肝脏、骨头、肺、肾，激素系统也和我们完全不同。除了那些在夏日白天活动的沙蝉，昆虫也不会通过流汗来散热。它们的骨骼在身体的外面，而非内部。昆虫没有血红蛋白，因为它们不像我们用血液来运输氧气。它们的身体上有可闭合的气孔，一些小小的气管将这些气孔和细胞直接连接起来，氧气不需要循环系统的参与就能直达细胞。不过尽管昆虫和人类在生理结构上有着无数的不同，它们也会像我们一样处理类似的问题，而且从某些方面来说，它们是地球上最成功的生物。

正在进食的天蛾

天蛾蛹

　　我十分了解天蛾（又名斯芬克斯蛾）和它的幼虫。我在加州大学洛杉矶分校的导师乔治·巴塞洛缪和弗朗茨·恩热尔曼向我推荐了一篇论文。文中谈道：天蛾这种大型昆虫在飞行时可能会进行体温调节，不论外部环境如何变化，总能保持体温的恒定。由于它们在夜间飞行，没法像蜥蜴和蝴蝶那样利用阳光，所以这种体温调节只能由新陈代谢所产生。它们真会这么做吗？又是如何做到的呢？没有人能给出确切的答案。这已经属于运动学的范畴，我从天蛾身上收集的数据很快就指向了它们的飞行耐力。

　　和蝴蝶、蜜蜂不一样的是，天蛾在觅食时一直保持飞行的状态。它们会像蜂鸟一样不断盘旋，从一朵花上飞到另一朵花上，从不停留。只有在飞行前和飞行中，身体才会发热。与蜂鸟不同的是，在停留休息后，天蛾的产热也会立刻停止，通过被动热对流使身体冷却下来，体温一两分钟之内就能和气温保持一致。

　　空气中的热对流会带来热量流失。要想解释清楚这个现象，最好还是举个例子。身体内的热量以对流的形式散失到空气中，这个过程就像洗衣服时发生的褪色现象。一开始衣服上的颜料不断溶解在水中，其速率取决于衣服表面的色彩差异。最后，当衣服和水里的颜色达到平衡时（也就是当两边温度相同时），对流就停止了。当我们把衣服放到流动的水里时（衣服上的颜料就相当于热量，流动的水就相当于风），衣服褪色的速度（相当于冷却的过程）就会大大提升，因为衣服旁边的颜料会迅速被水冲走，衣服和水之间的色彩差异一直都会存在。因为温度差的存在，人体和外界环境之间也存在着热对流，但我们的身体并不会因此变冷，而是源源不断地将热量从体内传递到皮肤，以保持相对恒定的人体温度。同理，淌汗散热也正是为了对抗和外界的温度差，保持人体温度恒定。

天蛾也像我们一样，需要较高的肌肉温度才能维持其活跃性。当处在温度较低的环境下时，它们在飞行前会通过"热身运动"——快速振动翅膀——来提高肌肉温度。不过在低温环境下飞行时，它们也不会产生更多的热量。人类也是如此，当我们在低温环境下奔跑时，不会通过振动肌肉来产生热量。奔跑起来的时候，我们的新陈代谢率已经从每分钟 1.5 千卡增加到 30 千卡，但没法停止热量的产生——这是人体在剧烈活动时不可避免会产生的副产品，即使在大热天跑步，热量依然会产生。我们只能通过减速来减少热量的产生，但对于天蛾来说，这个问题就有些棘手。它们在花丛中盘旋觅食的时候会消耗大量能量，所以天蛾体内产生的热量完全就是飞行时产生的副产品。但奇怪的是，无论在低温环境还是高温环境中，天蛾在飞行时体温基本保持不变。在不同的环境温度下，热对流也会发生巨大的变化，天蛾是如何保持体温恒定的呢？

当跑步时体内产生大量热量，我们会用出汗的方式来散热。因此，只要我们还有汗水可淌，就可以继续跑下去，即使热量会一直产生，人体也不会过热。天蛾并不会流汗，但它们的体温却能保持恒定。我们已经清楚它们在低温下如何保暖，但在高温下它们又是如何降温的呢？为了找到答案，我展开了一系列的研究。我设想天蛾可以通过一套特殊的机制利用胸部肌肉进行散热。它们将血液作为热量的传送工具，将胸部的热量转移到温度通常较低的腹部。腹部几乎没有保温措施，风吹过时就会通过热对流带走热量，降低温度。天蛾腹部这种对流式的降温过程其实有点像汽车散热片的散热过程。汽车引擎产生的热量经由冷却液被运输到散热片，然后通过对流的形式传递到空气中。

有了腹部散热器，天蛾就可以在30℃的温度下持续飞行，同时防止身体过热。不过当我对天蛾做了个小手术后——将它们为血液循环提供动力的心形结构结扎起来（类似于把汽车散热片卷起来的行为）——它们持续飞行的时间将降至两到三分钟。这个手术破坏了天蛾将热量传送到腹部的能力，腹部温度较低，但胸部温度却急剧上升——为翅膀提供动力的胸部肌肉温度爆炸式地升到了44~45℃（111~113℉）。在这样的高温下，天蛾就像那些脱水的马拉松运动员一样，中暑力竭，也因此失去了飞行能力，跌落在地面。为了证明天蛾丧失飞行能力的原因是体内温度过高而不是因为血液循环系统无法工作，我在这批被改造过的天蛾身上又做了一个实验：将覆盖在它们胸部的毛移除，这样它们就可以直接通过对流散热，结果发现它们又恢复了持续飞行的能力。天蛾的胸部长有一层绒毛，用于保存热量，这原本看上去不合常理，因为在高温环境下飞行时，厚厚的绒毛其实并不利于它飞行。不过当遇到低温时，绒毛就能派上用场了。

这些发现完全是意外之喜。我就此发表了五篇论文，其中有三篇被顶级科研期刊《科学》所收录。后来陆陆续续又出现了一系列研究各种哺乳动物运动耐力的论文。这些论文指出，动物的运动能力也受到了热量过多的限制。长耳大野兔、红袋鼠和猎豹身上厚厚的皮毛可以起到保暖的作用，但研究显示，即使在常温下，当体内温度上升到一定数值时，它们都不得不停止奔跑。而人类得益于优秀的流汗反馈机制，在温度较高时也能保持良好的奔跑能力。

运动时有时需要散热，有时则需要保暖，这就牵扯到另外一个问题：呼吸系统和血液循环系统的高度同步。呼吸作用可以推动血液循环，也能排出热量。有些昆虫就是依靠呼吸来维持它们在高温中的运动能力。我在下文会详细地解释这其中的道理。

在介绍昆虫们精巧的应对之法前（以熊蜂为例），让我们首先来回顾下它们的一些基本结构。连接熊蜂腹部和胸部的是其细小狭窄的腰：腹柄。熊蜂飞行时产生的热量是其静止时的数百倍（具体数值取决于和其做对比的静止状态下的体温取值）。这些热量均产生于胸部的飞行肌（昆虫的翅膀上没有肌肉，所有为翅膀提供动力的肌肉都位于它们的体内）。熊蜂腹部的温度通常和气温相近，如果它们像天蛾那样用腹部作为散热器来释放胸部传来的热量，其腹部的温度也会发生变化。

熊蜂的飞行肌中进行的全部是有氧呼吸，所以它们不会像短跑运动员一样，欠下无氧呼吸的债（指无氧呼吸产生的乳酸等），而会像长跑运动员一样获得持久的耐力。在腹部气囊的帮助下，它们拥有极高的最大摄氧量。腹部就像一个活塞，不断地抽动，产生压力来伸缩

　　　　　　　　　　　　　　　　　人类为何奔跑

气囊。这股压力既可以将空气挤入（或挤出）胸部，也能推动血液循环（血液可能会用于传递热量）。当血液将热量从胸部肌肉运送到腹部时，腹膈就会打开，将滚烫的血液以不连续的方式送入腹部。血液在腹部被冷却后再被分批送回胸部。冷血和热血在通过腹柄时会和腹部呼吸的频率保持一致，在此被分流，不会混合在一起。我将这个过程称为"交流式液体流动"，以将其和邻近血管中同时发生的"逆向血液流动"区分开来。

　　熊蜂在低温环境下飞行或者不连续飞行时（例如当它们在采蜜时），会遇到一个相反的问题：要在胸部储存热量。在这种情况下，胸部和腹部之间的血液流动就会大幅减少，呼吸作用将不在血液的运输中起主导作用，取而代之的是心脏的颤动。在其作用下，少量血液缓慢向胸部流动。这一套机制使得热量可以重新回到胸部，否则这些热量就会随着逆向流动的血液到达腹部，散失到空气中（见下页）。

　　科学家们越来越倾向于认为，不同系统之间的协调运作可以节省能量，调节温度。在奔跑的四足动物体内，尤其是那些善于长距离奔跑的动物（例如狗），呼吸和步伐是协调运作的。它们伸出前腿的时候被动吸气，收回前腿的时候压缩胸腔，排出气体。这样在奔跑中就能节省不少原本要用于呼吸的能量。鸟类和很多昆虫也有类似的行为：利用四肢（或两肢）的活动引发胸腔大小的自发改变，帮助呼吸。人类就没有这样一套呼吸的节能机制，所以我们必须要动用能量引发胸腔的伸缩，进行呼吸。不过我发现，自己身上有一个非常明显的手臂和呼吸联动现象。这是一个习惯性的动作，很难改变。这套联动并不能像狗或者鸟体内的那样节能，也没法和某些昆虫飞行时所采用的伸缩囊式呼吸相媲美，但却能在我长跑时节省一些能量。

熊蜂的血液温度调节

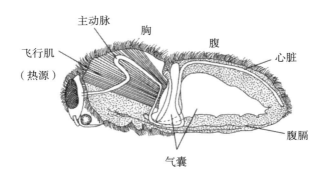

热量被传送到腹部（交换式循环中的一圈）

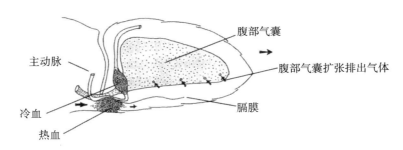

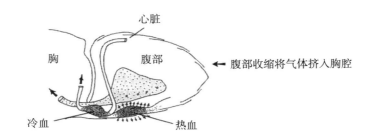

　　　　　　　　　　　　　　　　　　　　　　人类为何奔跑

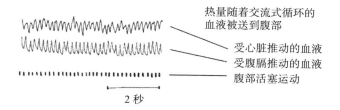

交流式循环的无数次循环

热量随着交流式循环的血液被送到腹部

受心脏推动的血液

受腹膈推动的血液

腹部活塞运动

2秒

天蛾、熊蜂和狗身上的这些机制也可以运用到其他动物身上。在研究它们的过程中，我也愈发了解自己的呼吸、心率、流汗、能量存储、步伐和配速。跑步的时候，我有时会尽可能多地在脑海中想象这些变量，思考它们是如何协同工作的。在跑超级马拉松时，我会下意识地去关注这些点的时候，呼吸和脚步也会形成一种特别的节奏。每次呼吸通常迈三步：吸气时迈两步，呼气时迈一步。步幅变大的时候，吸气的时间也会变长，其余不变。即使在变速的时候，我通常也会保持类似的节奏。跑起来很轻松的时候，我会在吸气时跑三步，遇到上坡路的时候，则变成两步。不论在什么情况下，呼气总是迈一步。不跑步的时候，我也会监测心跳，然后发现此时心跳也和呼吸挂钩。在一个呼吸周期内，一次心跳对应一次吸气，剩余的心跳则对应呼气。其实我也不知道这种节奏到底有多重要，但这可能是我体内节省能量的某种方式。戴维·科斯蒂尔认为，在同样的速度下，超级马拉松赛选手的能量消耗要比短跑选手少 5%~10%，而这种节省能量消耗的能力需要花上数年的时间才能锻炼出来。跑步的时候，一个 12 岁的孩子要多花 40% 的能量才能追上一个 20 岁的青年。

我已经适应了体内的这种节奏，身体可能在无意中遵循着这种节奏，不过有时我还是会主动地去激活它。在每个呼吸周期，我会大口呼气，增加肺部保留气体的时间。跑步时，像叉角羚羊一样，嘴巴保持张开状态，这样可以减少呼气的阻力，从而达到节省能量的目的。

基于常识，人们可以推断出生物进化的历程，但你绝不会想到，蜜蜂居然也会有一套精妙的体温调节机制。它们在炎热干燥的沙漠中展示出极佳的飞行耐力，甚至可以在 40℃ 左右的温度下飞行，要知道这个温度已经接近它们的体温。热对流散热的过程仅发生在身体和环境有巨大温差的情况下。没有较大的温差，身体只能通过蒸发排汗降温。所以在第一种散热条件失灵的情况下，第二种方式的补充就变得尤为重要。可是蜜蜂又不会流汗，那么问题来了，它们到底采用什么特别的方法呢？

原来它们和缅因州鲍登学院赛道上的那些选手有着同样的方法。每跑过几圈，选手们的身体快速升温，这时他们就会将头埋进赛道两旁的水桶——这是教练比尔·盖顿特意为他们准备的——水沾到了他们的头发和背，蒸发时带走热量，帮助他们降温，让他们可以继续跑下去。神奇的是，蜜蜂也有着类似的方法。外出采蜜遇到身体过热的情况时，它们会将胃里的东西反刍回嘴边，用前爪抹遍全身。回巢后，身上的水分已经蒸发干净，只剩下残渣（糖），这时同伴就会将残渣舔干净。不过，这种通过反刍进行蒸发降温的方式可能不太适合我们。

一些鹳和秃鹫采用相反却类似的方法。它们将稀便排到腿上，利用粪便里的水分蒸发给腿部降温，这样其全身温度最高可降 2℃。所以当你在炎热的午后看到土耳其秃鹰镇定自若地坐在篱笆上时，也就不必惊讶了。它们是在往裸露的腿上抹粪便，散热降温。在闷热天气跑步的人会对这种行为感同身受。

在加州大学伯克利分校研究蜜蜂的那段时间内，我和世界一流的生物学家爱德华·O.威尔逊通了信。他任职于哈佛大学，研究的是群居性昆虫。我惊喜地发现他曾经也对跑步非常感兴趣，并且也从中受到过启发。在了解了我跑步的部分经历后，一天爱德华突然宣布："你可以去参加马拉松，而且还能跑进 2 小时 30 分。"我备受鼓舞，恨不得立刻就证明给他看。

跑马拉松可以说是一个仓促的决定。读完他的信后，我根本没有多想，也没找任何借口，就立刻做了这个决定。当然我也不能回复他说明天就去参加马拉松，在这之前我还得多多训练。于是我跑到体育馆，换好衣服，沿着草莓峡谷跑了起来。我想象自己越过波士顿马拉松赛终点的那一刻，想象着自己走进爱德华教授位于比较动物学博物馆的办公室，看到他满面笑容地迎接我。在世人眼里，我们生物学家是一群挥动着捕虫网和杀虫剂的科学家，而我则将用自己的行动向他们证明，事实并非如此。

展开训练后不久，我的膝盖就开始疼了起来。我去看了骨科，医生告诉我："你这是软骨退变。要再这样跑下去，膝盖就废了。"这是他的原话。他的话在我的脑海中盘旋了很长一段时间。后来，我就想，与其留着软绵绵的软骨，还不如用跑步将它们磨平算了，于是我反而加大了训练量。

事实证明爱德华是对的，错的是那个骨科医生。半年后，我实现了爱德华的预言，但是我并没有特意告诉他。后来当我再去他办公室的时候，他已经从波士顿的报纸上看到了这个消息。一见面，他就叫出了我的完成时间："2 小时 25 分！"比他预测的 2 小时 30 分还要快上 5 分钟，对此我们俩都很高兴。科学研究也是如此，当得出的结果和你当初的预测基本一致时，你会很高兴，因为这说明你的想法基本正确；当结果不一致的时候，就说明你找到了一个之前从未想过的问题，这样更好。

　　在进行马拉松训练的这段时间内，我一直都在思考昆虫的运动生理学，尤其是我目前的研究对象——熊蜂——的运动生理学。从能量学的角度来说，熊蜂可持续飞行的距离基本上等同于我跑一次马拉松的距离。在这方面，鸟类其实做得更好。

　　鸟类和我们有很多相似的地方。它们的体形大致相同，器官系统也相同。和人类一样，它们也有肺、血液、真正的心脏、动脉、静脉、肝脏、大脑和肾脏，还有相同类型的四肢、感官、腺体、激素和生化过程。它们的气体运输机制、免疫机制、生长发育机制、排泄机制和大脑功能几乎与人类的一模一样。为了适应不同的环境，鸟类和人类的各种机制与器官才有了能力和程度上的区别。鸟类的耐力生理机能比人类要胜出一筹，它们在速度和耐力上的进化取得了突破。我们已经破解了昆虫耐力的秘密，很多都和体温有关，但从鸟类身上我们却看到了血肉之躯所能达到的耐力极限。

　　　　　　　　　　　　　　　　　　　　　　　　人类为何奔跑

第八章　天空中的超级马拉松选手

　　春秋之际，无数鸟儿都要踏上迁徙之路。它们需要越过高山，跨过海洋，连续飞行数千英里的距离才能到达目的地。是否能顺利抵达，取决于它们的运动能力、决心和识途能力。和鸟类的旅程比起来，我 10 月 4 日在芝加哥参加的马拉松比赛就显得微不足道了。比赛全程 100 千米，路线被设计为方便的环形，沿途还提供食物和水。和其他观鸟者一样，我有时会在夜间用双筒望远镜瞄向天空，看着候鸟的侧影从月光下划过，听着它们在黑暗中微弱的鸣叫声。这时我的思维也会飘向远方。鸟儿有着和我们一样的血肉之躯，却能完成我们

白颊林莺

所做不到的壮举。它们的耐力后隐藏着什么样的秘密呢？

在讨论它们如何顺利抵达目的地之前，还是让我们先来了解一下它们到底是如何迁徙的。这个问题看似简单，但却一直没能得到解答。最近，在全世界人们的努力下，答案渐渐浮出水面。数以千计的人们给鸟儿戴上标记环，这才掌握了它们的行踪。这样得出的答案看上去比之前的很多猜测更为合理，比如说燕子"肯定"不会长距离迁徙，而是躲在泥团里过冬。

身材娇小的林莺给我留下了深刻的印象。每年六月，北美东北部的森林就会响起林莺们婉转清丽的叫声。这里聚集了大大小小共35种林莺，它们回到这里，划分领地，筑巢求偶，养育后代。这其中白颊林莺可作为它们的代表，因为人们最熟悉的就是它们的迁徙。不同种类林莺的迁徙路线其实也各不相同。

七月中旬的时候，白颊林莺在北部云杉或冷杉林的繁殖季就结束了。成鸟和幼鸟完成换羽的过程。成鸟会蜕去华丽的羽毛，换上一身暗淡低调的外衣。整个过程用时不到一个月，在那之后，从缅因州到阿拉斯加州的所有白颊林莺就会踏上旅程，在美国的东北部会合。来自阿拉斯加和西部的白颊林莺会在横跨数千英里大陆后，前往它们之前落脚的地方。

到达东部沿海的集结地点后，白颊林莺的去脂体重约为9到11克。这时它们就进入到暴饮暴食的阶段，换种更科学的说法——食欲增强的阶段。正值浆果成熟季节，蚜虫和其他昆虫也活跃起来了，林莺抓住这个时机，大快朵颐，仅仅十天内，体重就翻了一倍。体重中增加的大部分都是脂肪，储藏在腹部和胸部的皮下组织里。补充好体能后，白颊林莺会飞向它们最后的中转站：马萨诸塞州的科德角。从那里开始，这些森林精灵将开启一段令人敬畏的壮举，马不停蹄地飞过 2200 英里的距离，最后到达委内瑞拉。

冷锋过境，白颊林莺这场"超级马拉松"的号角便吹响了。它们以每小时约 20 英里的速度飞行，如果遇上东南向的冷锋，那它们一开始就会得到助力。鸟群渐渐地会合在一起，形成了 500 到 1000 只的大队伍。第二天，它们会飞越马尾藻海（在西印度群岛东北）上空无风的区域。经过三天无休无眠的飞行之后，它们将受到信风的助力。此时的白颊林莺们变得更加精瘦，开始陆续登陆南美洲北部的海岸。

迁徙中的鹬

和其他迁徙的鸟类比起来，白颊林莺可能并没有多么特殊，但是作为夏日在森林中歌唱的一种鸣禽，它们展现了鸟类强大的飞行能力。有很多种北极的鹬甚至会飞到更北的地方生息繁衍，到更远的南方过冬，它们的旅程更为壮观。

白腰滨鹬就是迁徙大军中的一员。它们生活在北极圈北部的海边，身材娇小，和麻雀差不多大。每到秋天，它们像白颊林莺一样向东飞行，横跨美洲大陆，到达东北部海岸。先不吃不喝至少飞上三天三夜，跨越2900英里的距离才能到达中转站：位于南美洲北部海岸的苏里南。白腰滨鹬会因为这段距离的消耗变得消瘦，因此就在中转站大吃一顿，增加体重，补充能量。不论是鸟儿的迁徙还是人类的马拉松长跑，所有长距离运动的成功都离不开充分的能量储备。只有在中转站补充完能量后，白腰滨鹬才能完成旅程的第三段，也就是最后一段：这段旅程2200英里，穿过南美大陆、亚马孙雨林，到达南美南端的阿根廷。白腰滨鹬共计飞越9000多英里的距离，几乎从北极飞到了南极。它们有着精确的路线，其中包括补充能量的湿地和荒无人烟的沿海觅食区。春夏大迁徙后，白腰滨鹬总会从北半球或者南半球的极夜飞往极昼，也就是说除了飞行，它们一年中大部分的时间都是在白天中度过的，这有利于它们不断生息繁衍。

红腹滨鹬——另外一种生活在北极的小型涉禽——给我们提供了更多的信息，尤其是关于迁徙能量学这部分。红腹滨鹬在北极的分布范围很广，也有着广泛的越冬区域。美国的红腹滨鹬会在秋天的时候跨越7800英里的距离向南迁徙。平时一只红腹滨鹬重约120克，在起飞前它们会增肥至180克到200克，有时甚至偶尔能达到250克。它们和其他体形更小的鸣禽一样，通常会在迁徙前将体重增至以往的2倍。

一只重达250克的红腹滨鹬（其中脂肪占130克）已经储备好飞越4700英里所需要的燃料（理论如此）。它以每小时47英里的速度飞行100小时之后就必须停下来补充能量，红腹滨鹬在何处落脚补充能量，受到体内燃料的限制。因此，对红腹滨鹬来说，中转站的食物储备量就显得至关重要。它们会在那里待上一两个星期，拼命寻找食物，吃饱后继续旅程，向着下一个中转站飞去。

从加拿大北部詹姆斯湾出发的红腹滨鹬会在三个地方进行食物补给，最后到达它们的目的地：南美洲南端的火地岛。从北极地区西部出发的红腹滨鹬首先飞到美洲东海岸，在那里待上两周，进行食物补给，然后它们飞到南美的苏里南，再次补充食物，继续飞越亚马孙盆地，到达巴西南部，最后到达它们位于南美最南端的目的地。在那里，红腹滨鹬享受着无尽的阳光，与此同时它们位于北极的老家正处在极夜中，终日不见阳光。和其他鹬、鸻和燕鸥一样，红腹滨鹬也纵向跨越了地球。

鸟类需要大量的食物为长距离的飞行提供能量，但增加的体重也会成为它们的负担。和大型客机一样，鹬类飞行的高度也超过了15000英尺，那里的空气更加稀薄，空气阻力也更小。不过高空飞行也有一个明显的弊端：海拔高的地方氧气含量较少。要想在稀薄的空气中穿梭，鸟类（或者飞机）就必须提高速度获得足够的浮力，随之而来的是更多的能量和氧气消耗。面对这种困境，鸟类用自己的消化和呼吸系统化解了难题。

鸟类的祖先——陆地上的恐龙——是如何进化出卓越的飞行能力的呢？当鸟类祖先选择了天空后，它们身体进化的方向一定是减轻体重。部分骨头变得中空，重量减少。后来饮食可能也发生了变化。为了能从植物中获得足够的能量，食草动物需要容量大的胃和长长的肠子。没有一架飞机会用植物纤维作为燃料，它们使用的都是高度提纯的燃料：易使用、用最少的重量提供最多的能量。为了提供飞行所需的大量能量，鸟类祖先的饮食发生了变化：水果和昆虫取代树叶成为它们的主食。水果和昆虫作为高能套餐让鸟类摆脱了笨重巨大的内脏以及牙齿和固定牙齿的下颌骨。饮食的改变最终给鸟类带来更多的选择，因为这使得它们可以走得更远。在我看来，这种良性循环可能正是鸟类在进化过程中大爆发的原因。今天，鸟类已经成为地球上分布最广、数量最多、最令人惊叹的物种之一。

即使在现在，饮食上的改变还是会对一些鸟类和杂食性动物（比如我们人类）的肠道产生影响。摄入更多的蛋白质会导致肠道的长度和重量减小。饮食结构的改变为鸟类提供了更多能量，同时减轻了自身重量，帮助鸟类飞得更远。不过鸟类真正的超长距离飞行突破可能发生在体内结构改变之后，也就是它们的肠道被"减负"后产生的"副作用"。

体内消化器官的减少就意味着可以为身体腾出空间给其他器官，或者留给空气，让身体变得更加轻盈。鸟类选择的是第二种，有意思的是，这种充气的方式也正是它们能进化成在高空低氧环境下飞翔的重要原因。

呼吸氧气的鱼、爬行动物和哺乳动物都配有低效率的呼吸系统。通过升高肋骨、降低膈膜，在肺里制造低压环境，使得气体被吸入肺部，然后再把气体呼出去，然后再吸气、呼气，如此循环往复。但没法把肺部的空气全部排空，因为没法做到将胸腔压缩到底。因此肺部总是会有空气残留，这些空气中的含氧量会变得很低。呼吸时，我们将富含氧气的新鲜空气吸入肺中，和肺中残留的含氧量

　　　　　　　　　　　　　　　　　　　　人类为何奔跑

低的空气混合在一起，获得氧气的效率就会降低。但鸟类并不是这样的。

　　不知从何时何地起，原始鸟类的身体构造出现了创新型的变革：肺部和体内的气室连通了，从此空气可以在肺部发生流动。在体内可膨胀气囊的帮助下，鸟类实现了肺部空气的流通。不论是呼气还是吸气，这个过程一直存在。

　　如果空气能在鸟类的肺部流通，而不是像其他动物那样一吸一呼，那鸟类是不是就不用呼气了呢？其实并不是这样的，鸟类还是会呼气。鸟的体腔内有许多由薄膜构成的气囊，与肺相通。吸气时，一部分空气在肺，进行气体交换后进入前气囊；另一部分空气经过支气管，直接进入后气囊。呼气时，前气囊中的空气直接呼出，后气囊中的空气经肺呼出，又在肺内进行气体交换。这样，在一次呼吸过程中，肺内进行两次气体交换，因此鸟类的呼吸又被称为双重呼吸（见第 112 页图示）。

　　这些呼吸系统上的变革使得鸟类可以逐渐改变自己的形态、生理和行为，从而进化成世界上最优秀的耐力型选手。

　　拥有了绝佳的摄氧能力和呼吸能力，鸟类就能够完成在高空缺氧环境飞行时所需要的高代谢活动。它们甚至还能飞越人类难以企及的珠穆朗玛峰，因为我们的最大摄氧量值还远远不够。斑头雁能跨越珠穆朗玛峰的最高峰（8848 米），连续不停地飞上 900 英里，它们以及那些能在高海拔地区飞行的候鸟是怎样获得肌肉所需的氧气呢？毕竟高海拔地区的氧气含量只有地平面的三分之一，换作是人类，在那里根本都走不了几步。那鸟类是怎样做到的呢？

鸟类呼吸示意图。哺乳动物吸气时，肋骨肌肉和胸腔膈膜伸缩，引起胸腔扩张。胸腔内气压下降，空气进入肺部。鸟类的肺部周围有很多气囊，但它们的肺部却不像哺乳动物那样能灵活地伸缩自如。通过气囊的伸缩，空气被送入肺部。吸气时，前气囊和后气囊膨胀起来，前气囊中充满了来自肺部的陈旧空气，后气囊中则是新鲜空气。呼气时，前气囊中的气体被排出体外，后气囊中的气体则进入肺部（其中的气体是前一次吸气摄入的气体）。在一次呼吸过程中，肺内进行了两次气体交换，确保了空气在肺部的单向流通。

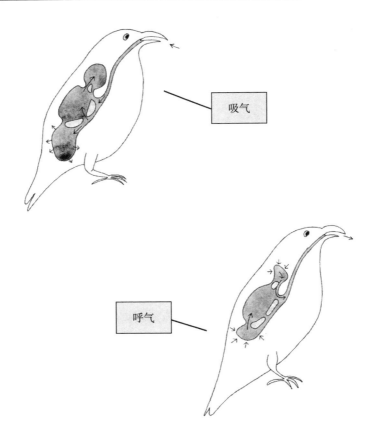

吸气

呼气

　　　　　　　　　　　　　　　　　　　　人类为何奔跑

除了巧妙的肺部构造和强大的摄氧能力，鸟类还有别的杀手锏。气体进入体内后，从肺部流过的血液还要将其中的氧气提取出来，运送给肌肉。这一过程在候鸟体内也得到了优化。举例来说，大雁体内血红蛋白在红细胞中结合氧气的能力就比鸭子要强得多。这样，血液就能将更多的氧气送往肌肉组织。

接下来，氧气还要从血液中进入到肌肉中，并在这里被利用。对于所有能高效率利用氧气的动物来说，它们的肌肉组织都是深色的，因为其中含有大量的肌红蛋白。肌红蛋白这种深红色的蛋白质可以结合（运输）氧气，帮助氧气从血液进入细胞。氧气进入细胞后，会在酶的作用下，被细胞中的小马达——线粒体——所用。大雁线粒体中这种酶的含量比鸭子要多得多。这些因素结合在一起，提高了大雁的最高摄氧量，即有氧能力，而这正是决定能量能否持续输出的关键。对于人类来说，如果在其他各方面条件一致的情况下，那最大摄氧量就是衡量中长跑运动员的精确指标。

不过其他条件很少能完全一样，因此节省和储存能量就显得十分重要。在长跑比赛中，跟在他人身后的这种跑法就是很常用的节能方法。鸟类也有类似的习惯，尤其在大雁、天鹅和鹤这样体形较大的群居性鸟类中，这种现象尤其明显。迁徙的时候，它们通常会排成"V"字形或者好几列，一个接在一个后面。除此以外，它们还懂得避免逆风飞行，等顺风时才会启程。和长跑运动员一样，鸟类也会调整好自己的飞行节奏，争取用最少的耗能完成最大的距离。20 世纪 60 年代晚期，万斯·塔克在一个风洞里以虎皮鹦鹉为对象展开研究，证明了这一观点。

塔克以氧气消耗为依据，成功地测量了鹦鹉在不同速率下的能量输出功率。他在鹦鹉的头上戴上面具（用来获得测量氧气消耗量的气体），训练它们在不同风速下逆风飞到指定地点，鹦鹉的飞行速度就是当时的风速。塔克放在鹦鹉身上的这套装置相当于我们在健身房使用的跑步机，两者都可以测量出能量消耗率。实验结束后，塔克惊讶地发现，鸟类在飞行时的能量输出不仅受到飞行速度的影响。鹦鹉在以每小时 20 千米的速度飞行时，它们的能量消耗率已经接近最大有氧工作能力，即最大摄氧量约为 35 毫升 / 克·小时。人类最大摄氧量的计算单位通常为毫升 / 千克·分，换算成人的单位之后，鹦鹉的最大摄氧量相当于人类中的 583，而不是 35。它们飞行时的最小能量消耗约为 22 毫升 / 克·小时，此时其飞行速度为 32 千米 / 小时，比最大能量消耗时的速度要快得多。当飞行速度大于 32 千米 / 小时后，鹦鹉的能量消耗率再度提升，最终达到 35 毫升 / 克·每小时的最大摄氧量，速度也随之升至 48 千米 / 小时。经过一系列简单的计算可以得出，当能量消耗略微高于最低值、飞行速度达到 40 千米 / 小时的时候，鹦鹉飞行的距离最远（在给定能量供应的情况下）。因此，虽然提高速度能让它们更快到达终点，但是受能量供应的限制，它们可能都飞不到终点。

现在通过雷达观测，我们获得了更多候鸟的飞行数据，并将这些数据同以翼幅和体重为基础计算出的飞行速度和能量消耗进行比较。研究结果显示，大多数鸟类追求的是最大飞行距离而不是最小的能耗。我们可以从反面举例来证明这个观点：在繁殖季节，雨燕经常会在飞行时睡觉休息；晚上，它们会在高空来回飞行，基本不会停下来休息。

此时，它们飞行速度降低，能量消耗率几乎降至最低，因为这时它们不用像在迁徙时那样追求飞行的距离。因此，我们可以很清楚地看到，鸟类在追求最大飞行距离时，能量消耗不会总是最低，速度也不会总是最大，它们会从整体出发，努力用最少的能量，完成最长的距离。所以，长跑运动员也要像它们一样，努力找到最适合自己的能量消耗模式，完成最长的距离。时机也很重要。

　　小型鸟类通常在夜间迁徙飞行，原因有以下两点：首先，它们要在白天大量进食，为身体补充能量；其次，夜间飞行降低了脱水的可能性。飞行时鸟类体内新陈代谢产生的大量热量就会随着被动的热对流（热量自主流失）散失到空气中——天蛾和其他大多数昆虫所采用的散热方式——它们也就不用通过蒸发水分来进行散热，从而避免在途中停下喝水的麻烦。所以，从鸟类的例子来看，如果想在超级马拉松比赛中获得佳绩，那建议最好在晚上开跑，这样有利于保存体内水分。

　　很多鸟类在迁徙时都需要跨越茫茫沙漠或者浩瀚大洋，它们很难在途中获得食物和水的补给。所以在启程前，它们必须要在体内储存足够的水和食物。脂肪在燃烧时会产生水，所以食物和水其实是密切相关的。如果水分消耗的速率小于新陈代谢产生水的速率——这种现象在昆虫和鸟类身上经常发生——这时，脂肪燃烧产生的水也能为身体所用。

　　上文我们已经说过，鸟类在进行长距离迁徙之前都会大吃特吃，增加体重。那我们在跑超长距离马拉松时，也需要这样做吗？这要取决于赛道的距离和比赛的规定。如果赛道很长，跨越了好几个大洲，中途又禁止吃东西，那冠军最后会是那些吃饱了的人。瘦子在一开始可能会处于领先，但可能最后都没法坚持到终点。不过，现实情况是，我们不会有那么长的赛道，比赛的举办方也会在沿途设有补给点，我们几乎随时都能停下来吃东西喝水。在这种情况下，选手还是瘦点好。只要我们在路上可以补充水和食物，那就不需要额外的重量，因为它们会拖慢我们的速度。大多数优秀的跑步运动员，无论男女，体脂率都维持在 1% 到 6%。利用这些脂肪，我们能跑大约几百英里的距离。

不少人都认为，跑超长马拉松时，女性通常会比男性有更好的表现，因为她们的体脂率较高。这是一个常见的误解。通常情况下，不论距离多远，女性都跑不过男性，这种性别上的差异在长跑中体现得尤其明显。其中的生理原因，我会在下文中再详细讲述。有些动物的特征就是性别差异特别明显。女性如果想要跑得和男性一样快——她们中确实有很多可以做到——她们要付出的代价可能就是生育。为了跑得快，她们必须要大大降低体脂率，当体脂率降到一定程度时，她们的排卵就会停止。动物们都逃不开自然界定下的规律，只有当资源足够时，生殖功能才能在体内运行起来。

尽管我的体内储存有脂肪，但也不能连续不停地跑上几百英里。鹬习以为常的事情对我来说是那样遥不可及。鸟类超长距离的飞行能力确实令人叹为观止。有些人可能会认为，鸟类自己也不喜欢每年的迁徙。比如鹬，每年都要追寻着太阳，从永昼的北极苔原来到阿根廷草原，如此循环往复。但事实并非如此，鸟类的迁徙可能并非出于使命感，而是它们确实有种强烈的冲动。这种冲动呼唤着它们，给它们带来快感。对于健全的生物来说，快感其实是进化的产物，帮助生物生存和繁殖。同理，恐惧会促使它们远离危险。每到秋天，白颊林莺在冷锋过境后就会启程前往南方，而我在温暖明媚的日子里，也喜欢去乡间小道上慢跑。从本质上来说，促使我和白颊林莺各自这样做的原因可能并没有什么区别，我们都响应了体内那来自远古的冲动。我们有很多相似的地方，也有一些不同的地方。所以从耐力生理学上，几乎没有可比性，和人类联系更紧密的是羚羊。

第九章　羚羊超强的奔跑能力

人为黑暗定界限，查究幽暗阴翳的石头，直到极处。

——《约伯记》第二十八章

　　世界中存在着无数神秘的羚羊，一直被追逐，却从未被超越。它们看上去无人能敌，但也是血肉之躯。美洲平原上的叉角羚就是这样一种传奇性的动物。据测算，它们奔跑的速度可达 61 英里 / 时（98千米 / 时），几乎是赛马的 2 倍。即使不冲刺，它们的速度也很快，10 分钟之内就能跑 11 千米。霍皮人（北美印第安人的一支）将叉角羚视为灵魂信使，不仅如此，他们还相信叉角羚包治百病。《自然》上刊登了有关叉角羚的文章，文中称其为世界上最优秀的极限跑者，是大自然中血肉之躯所能打造的最强长跑选手。叉角羚属于哺乳动物，从解剖学和生物化学的角度来说，我们其实也是哺乳动物。那叉角羚到底具备了哪些我们所没有的能力呢？它们又是如何进化出如此优秀的跑步能力的呢？

　　四百多万年前，叉角羚和它们的天敌共同生活在北美洲的大草原上。草原上一望无际，很难找到安全的藏身之所，这就决定了叉角羚的生存策略只能是逃，而不是藏。因此，它们的天敌——大概率是剑齿虎、狼、北美猎豹、短面熊、恐狼、豹鬣狗、豺这类动物——也必须要进化出能和它们匹敌的奔跑能力。几百万年间，叉角羚和天敌们展开了一场有关速度和耐力的军备竞赛。跑得最慢的叉角羚在追逐中被吃掉，基因被剔除出去，慢慢消失在进化的长河中。爱达荷大学的约翰·A.拜尔斯认为，对于现在的天敌来说，叉角羚跑得真是太快了。它们如此强大的奔跑能力是长久以来自然选择的产物。几百万年来，敌人一直在身后紧追不舍，为了生存，它们只能跑得更快。这种状况一直持续到大约一万年前的更新世晚期，一次物种大灭绝摧毁了北美的动物群，当时人类也通过白令海峡上的大陆桥来到了北美。

叉角羚

叉角羚之所以能拥有如此出色的运动能力，关键因素之一在于它超高的能量输出功率，也就是我们之前提到过的有氧能力，即最大摄氧能力。摄氧能力的高低决定了运动耐力的大小。理论上来说，最大摄氧能力（或者说最大有氧工作能力）是由动物的运动量所决定的。如把它放到跑步机上，慢慢调大速度和坡度，其最大摄氧量就会越来越大，直至到达瓶颈，无法继续上升。此时，运动量还能继续加大，但是只能维持很短一段时间，大约只有几秒。与此同时，乳酸在血液中积累。对于竭力冲刺的短跑运动员来说，乳酸堆积带来的最直接的感受就是力竭，肌肉似乎都凝结了。运动后，肌肉需要摄入额外的氧气来使乳酸氧化分解，这种现象被称为氧债。超出最大摄氧量的这几秒钟运动是要付出昂贵的代价的。只有在时间相对短暂并且又能收获成果的情况下，这种代价才是有价值的。

斯坦·林德斯泰特和他的同事们做了这样一个实验：他们让叉角羚在跑步机上以 10 米 / 秒的速度奔跑，这些叉角羚头上戴着聚乙烯面具，通过收集空气测量有氧输出功率。跑步机的坡度被提升了 11%，此时叉角羚的最大摄氧量达到了惊人的 300 毫升 / 千克·分钟，虽然这个数值仅仅是虎皮鹦鹉的一半、天蛾的四分之一，但却已经超过了优秀的长跑运动员，奥运会选手弗兰克·肖特的最大摄氧量就约为 71 毫升 / 千克·分钟。除了从面具中对空气取样以外，科学家们还获取了叉角羚的血液样本。在维持最大摄氧量的状态下跑三四分钟之后，对叉角羚动脉中的血液进行取样，用来检测其中所含有的气体成分和乳酸浓度。通过确认乳酸含量，科学家们可以确认叉角羚是在最大摄氧量的状态下进行奔跑，而没有超过它。

　　　　　　　　　　　　　　　　　　　　人类为何奔跑

在比较动物的能量输出时，我们必须将体重也考虑在内。通常情况下，越小的动物，每单位重量的能量输出率越高，这从之前天蛾、鸟和人的对比就能看出。不过即使将体重考虑在内的情况下（叉角羚重约 71 磅），叉角羚的最大有氧输出功率仍然是预估值的 3 倍，和它的体重严重不符。这种和预估值之间的偏差被称为适应性偏重。叉角羚高达 300% 的适应性偏差表明，从有氧代谢的角度来说，叉角羚确实具有超强的运动能力。短跑运动员的运动能力和叉角羚相反，他们跑步时依靠无氧代谢——一种不需要氧气参与的代谢活动。短跑运动员不是要避免氧债，而是要积累大量的氧债。

叉角羚超大的最大摄氧量对它们有什么好处呢？答案是，等同于其对人类运动员带来的影响。大功率的能量输出可以转化成快速持久奔跑的潜能。不过，在速度等同的情况下，羚羊的耗氧量其实和其他动物没什么区别。因此，它们的有氧奔跑能力并不是因为消耗少、效率高，而是和它们的最大摄氧量有着直接的联系。

归根结底，我们又回到了那个问题：羚羊的最大摄氧量到底是如何获得的？想要维持高速持久的奔跑又需要哪些支持呢？为了解答这个问题，研究人员使用了和羚羊体形相似的山羊作为对比。山羊跑不快，也跑不远，不过它们擅长攀岩。所以它们躲避天敌的方法不是奔跑而是攀爬。爬到陡峭的悬崖峭壁上后，天敌自然就抓不住它们了。因此，山羊不需要跑步，它们的有氧能力只有羚羊的五分之一。

不论从身体构造还是氧气使用率来说，羚羊都要强于山羊。羚羊有大量的气管，它们的肺容量是山羊的 3 倍，因此肺部通过的气体量也要大得多。它们的心脏和心输出量更大，血红蛋白浓度更高，肌肉量更大，线粒体更多，因此肌肉中含有的氧化酶也更多。它们的肌肉温度也比山羊要高 2.6℃。前面我们曾经提过，甲虫的奔跑速度会受到体温的影响，羚羊也是如此。2.6℃的温度差就能将有氧代谢能力提高 35%。简而言之，羚羊的超级奔跑能力并不是得益于某个新器官或者新构造，而是来自于身体的某部分结构的强化。没有魔法，也没有创新，羚羊只是在影响长跑速度的那些方面比其他动物更强罢了。当然，只是过分强化某一方面的能力是没有任何用处的。举例来说，如果氧气运输能力大于肌肉的利用能力，氧气的利用率也不会提高。除此以外，叉角羚不仅仅是各个器官的简单加合，它们最伟大的品质在于对奔跑的执着和激情。加里·图尔巴克在他的书中这样描述过这种神奇的生物：

> 从历史记载中，我们能发现很多关于羚羊赛跑的故事。它们和马匹、汽车、火车等各类高速奔跑的动物及交通工具比赛，仅仅出于娱乐的目的。凉风习习中，叉角羚踩着露水，全速奔跑在清晨的草原上，你能想象出，它们其实很享受晨跑吗？一只健全的叉角羚怎会不喜欢以 50 或 60 英里/小时奔跑时风从耳边呼啸而过的感觉呢？怎会不喜欢聆听蹄子敲击地面发出有规律的声音呢？又怎会不为自己成为最强者而骄傲呢？生物学家可能会对这番描述嗤之以鼻，但这就如同太阳升起一样，每天都在发生，事实就是如此。

实际上，大部分生物学家并不会嘲笑这番描述。对于很多动物来说，玩耍是很重要的一项活动，是最基本的练习。玩耍受到愉悦感的驱动，身体内的愉悦机制能带来很多好处。

玩耍中的叉角羚幼崽

　　约翰·拜尔斯对动物的玩耍行为做过详细的研究。他发现，对于像叉角羚这样需要依靠奔跑才能生存下来的有蹄类动物来说，它们幼崽玩耍的内容就是快速奔跑，中间还夹杂着跳跃和急转弯等动作。长久以来，人们一直认为这是一种浪费体力的行为，会降低羚羊的生存几率。但拜尔斯却发现，在出生的头一个月当中，那些玩耍更多的羚羊活下来的几率更大。同样，食肉动物的主要玩耍行为——模拟狩猎（人类也有）——也会帮助它们的幼崽成为更好的猎手。人类是世界上唯一会给自己设置障碍的猎手（以捕食为目的的捕猎除外）。我们本可以使用带有高清瞄准器且威力巨大的步枪，但却主动选择了更老旧的武器，例如猎枪，甚至弓箭。对于现在的我们来说，捕猎已不再是我们生存的手段，而是玩耍和游戏。

　　如果说羚羊高超的有氧代谢能力是进化的结果，那么问题就来了：为什么山羊或者我们人类都没能进化出这种能力呢？为什么山羊不能像羚羊那样奔跑、攀爬呢？进化生物学家通常会给出这样一种答案：万事皆有代价。羚羊的最大摄氧量得到了提高，那对应的代价就是基础代谢率的提高。也就是说，它们的肌肉里分布着大量的线粒体，导致更多的能量在长跑中被浪费。这个道理和汽车一样：和四缸发动机的汽车比起来，八缸发动机更不容易停下来，经常处于空转的状态。不过，山羊并不挑食，并且在休息状态时，吃的东西比同体形的羚羊还要多。

针对羚羊超高有氧能力所需要付出的代价，科学家们认为还有另外一种可能性。羚羊体内含有大量代谢能力强的肌肉，这是它们有氧能力的来源之一。相应地，它们体内代谢能力较弱的脂肪含量相对较少。这种肌肉与脂肪的比例导致羚羊容易受到食物短缺的影响。就像人类的马拉松运动员一样，羚羊也要有非常苗条的身材，这种苗条的身材致使其能量储存不足，有时会让羚羊付出高昂的代价。所以它们在天寒地冻的时候会面临极大的危险，因为此时为了维持体温，它们需要更多的能量，但可能会遭遇食物匮乏的情况。

在 1984 年的严冬中，数千只羚羊在怀俄明州死亡。1985 至 1986 年的冬天，南达科他州的 5 万只羚羊中有 80% 死于严寒、暴雪和狂风，还有栅栏。那些想要逃离暴风雪的羚羊们发现，挡在它们面前的是无法逾越的栅栏，最终它们的尸体在栅栏前堆成了山。羚羊虽然有强大的跳跃能力，但却无法像生活在森林里的那些鹿一样垂直跳跃。从身体构造的角度来说，它们应该能轻松跳过栅栏，但还没有这样的意识。只有大脑下命令了，身体才能行动起来。叉角羚无法想象出越过栅栏的场景。

　　虽然现在还没有对羚羊长跑耐力这方面的研究，但我认为，它们为此付出的代价可能比我们想象的还要多，这和它们不耐严寒的原因一样。叉角羚的体脂率很低，不仅如此，它们的胃也很小（和同体积那些跑得更慢的食草动物比起来，它们的胃要小上一半）。通过上述两种途径，叉角羚得以减轻体重、维持瘦削的身材，这就是叉角羚为了耐力付出的代价。为了能保持高速持续奔跑，它们必须经常停下来补充食物，而且必须是富含高能量的食物。所以叉角羚对食物很挑剔，一般会选择阔叶植物。茂盛的阔叶植物多会出现在野牛群聚集的地方，野牛吃光了地面的草，有利于阔叶植物的生长。

　　拥有超级有氧能力的叉角羚经常被视作哺乳动物中终极耐力选手，不过到目前为止还没有人对它们的耐力展开过严谨的科学调查。至少有两位曾试图研究：戴夫·卡里尔任职于犹他大学生物系，研究方向为生物动力学。他的兄弟斯科特·卡里尔也曾听说过一些印第安人的传说。据说纳瓦霍部落和派尤特部落的猎手曾经在捕猎羚羊的过程中将羚羊追到精疲力竭。这对兄弟想通过合作重现印第安人的壮举。后来戴夫这样告诉我："我们遭遇了惨败。"羚羊成群结队地活动，它们跨越山峰，"利用地理优势甩开了我们"。当这对兄弟跟着羚羊爬上山后，却发现他们追逐的羚羊已经加入到了羚羊群中，将其他气力充足的羚羊作为屏障来保护自己。这时它们已经没必要再跑过捕食者，只要能跑过队伍中最慢的羚羊就行。羚羊的这种群体行为是为了逃脱狼捕食的一种接力策略，在过去可能还非常有效。人类很晚才成为羚羊的捕猎者，所以没有对它们的行为产生进化上的影响。如果想让人和羚羊来一场公平的比赛，那么首先要给羚羊染上明亮的橙色，然后将它放到一个陌生的开阔地带。这项比赛可能比最近流行的绕 400 米跑道连续跑上 24 小时的运动要有趣、新颖得多。

我曾咨询过我的朋友巴雷·托尔肯，他是犹他大学的民俗学研究者。20 世纪 50 年代期间，他和纳瓦霍族的女子结婚，并在部落里生活了一段时间。我想知道，在火枪出现之间，印第安人中是否流传着有关人类追上鹿和羚羊的故事。

"我曾在 20 世纪 50 年代期间就见过了。"他写信告诉我。

> 不过，那只是一只鹿，不是羚羊。我的朋友大黄，当时他大约 40 或 45 岁，在一块半开放的沙漠区域沿着鹿留下的痕迹一直慢跑。那只鹿会猛然向前冲，然后停下来，看看情况，然后继续向前猛冲。大黄继续不紧不慢地跟在鹿的身后，直到鹿跑不动为止。然后，他走到精疲力竭的鹿跟前，把手放到鹿的鼻子和嘴巴上，控制住它，将它闷死。大黄的手里拿着被视作圣物的玉米花粉，那头鹿就呼吸着神圣的玉米花粉死去。死后，它的兽皮就变成圣物，因为没有受到任何损伤。我从没听说过派尤特人有这样的举动，不过我确实对他们知之甚少。现在，我已经不认识这样的猎人了，但是他们一定还是存在的，因为他们的祭祀上还是会使用到这种神圣的兽皮。当年大黄在狩猎时通常都要花上一下午的时间。

大黄并没有像其他大部分的捕食者那样，被鹿的避战策略所迷惑。大多数捕猎者都会有选择地进行狩猎，它们只会选择那些有可能在短

人类为何奔跑

距离追逐中被捕获的猎物。鹿利用这一点先发制人，或者晃动着白色的尾巴虚张声势，给捕食者造成一种很难追上的假象，以避免被继续追逐。

从彼得·纳博科夫所著的《印第安人的奔跑》中，我了解到，不论在捕猎中，还是在战争中，很多印第安部落都高度重视跑步的能力，他们还有直接或间接追逐动物的传统。在大盆地，印第安人曾经用"V"字阵形来围捕羚羊。奥马哈族印第安人居住在中部平原地区。在拥有马匹之前，他们中曾经有过野牛猎手。这群人通过观察天空中的乌鸦来确定牛群的位置，然后回到营地招募捕猎的人手。霍皮人在追捕黑尾长耳大野兔时，会沿着野兔在雪地中留下的新鲜脚印一路跑下去。普韦布洛族和尤奇族的猎手会追着鹿一直跑，直到鹿精疲力竭为止。巴巴哥人和皮玛人也会这么做。

到了现在，人和动物之间的赛跑有很多已经不再为了捕猎，而是变成有赌注的赛事。尔提德韦尔斯的威尔士小镇每年都会举行人马对决马拉松。这是一场正规的比赛，比赛中速度和耐力都会得到客观的评判。赛事的赞助方是英国最大的博彩公司威廉·希尔。第一位能跑过马匹的人会获得21000英镑的奖励。20年过去了，直到现在还没有人能取得这笔奖金，也就是说还没有谁（四名运动员组队接力）能战胜由骑师驾驭的马匹。

不过，人和马的速度差距正在逐渐缩小。在最新一场比赛中，和赢得比赛的马匹相比，英国选手马克·克罗斯代尔仅仅落后了8秒。马克曾经在海军陆战队马拉松跑出过2小时23分的成绩。人类马拉松的最高纪录接近2小时6分，由此看来，人马对决马拉松中人类冠军的出现已经指日可待，虽然比赛的赛道很短，比常规马拉松比赛少4英里。

总而言之，尽管羚羊和马都擅长奔跑，但它们的高速奔跑只能维持二三十英里的距离（当然也可能更长一些），并没有证据表明它们擅长长距离奔跑。羚羊的天敌野狼不会一口气不停歇地追着它们跑上30英里。至少在黄石公园的开阔地带，狼通常在 1 英里之内就能抓到麋鹿。道格·史密斯是研究狼的一位学者，同时也是黄石公园狼群恢复计划的主管。他经常会乘坐小飞机从空中观察狼捕猎的情况。据他发现，狼在追逐猎物时跑过的距离几乎不会超过 2 英里。因此，我猜测，麋鹿和羚羊的长跑能力可能比不上经过训练的人类选手。在个人成就感的驱动下（例如获得冠军），人类选手会奋勇冲向马拉松比赛的终点。

只有距离确定了，谈论速度才有意义。这个概念可以很好地从人类的比赛中得到解释。人类设有不同距离的赛事，参加不同赛事的选手们也有着各自的特长。我统计了各类赛事（从 100 米到 200 千米）的世界纪录（男女分开），结果正如预期的那样，男子组的最快速度约为 37 千米 / 小时，随着比赛距离的增加，选手的速度也逐步下降。当距离增加 2000 倍的时候，速度会下降到三分之一。不过，这并不意味选手的速度一直是均匀下降的。比赛一开始，速度会均匀下降，1 千米之后，速度突然大幅下降，然后又变为匀速下降，大约在 30 千米以后，再度大幅下降。这两个转折点可以视作人体内生理活动的转化点。第一次由无氧转为有氧，第二次由消耗碳水转为消耗脂肪。我将女性的数据绘制成图，也得到了和男性一样的结果，速度变化的两个转折点，

　　　　　　　　　　　　　　　　　　　人类为何奔跑

喻示女性体内生理活动的变化。不论是在哪种距离的赛事上，女性的世界纪录成绩都比不过男性，尤其在长距离比赛中，女性的劣势更为凸显。2000 年 3 月《自然》杂志上刊登的一篇文章验证了 15 年前的这些观点，不过这次文中使用的是另外一套数据。

仅仅就在 40 年前，优秀的女性跑步选手还很少见。到了现在，女性已经可以男性一样参加很多赛事。跑步与性别无关，只是一种生理上的能力，现在则演变成一种文化现象。事实证明，女性可以和男性一样优秀。不过男女的差距也确实存在，而且在各类赛事中都有体现。这些差距体现在世界纪录的成绩上（即使没有必要这样去看）。虽然世界纪录的数值不同，男女之间也有着不同的平均表现，但这两者都不应成为衡量个体的准则。我们需要收集不同人群的平均数据来阐述某种生物学理论，但这些理论也并非圣旨，它们只是对客观情况的描述。最终，我们应当用个人的表现去产生可以阐释理论的趋势，而不是被理论所束缚。每个人都是一种独特的存在，每个人都应该心怀梦想。

从数据上来看，男性在跑步上确实要强于女性。为什么会这样呢？虽然现在还没有一个明确的答案，但我觉得可能和人的身体构造有关：臀部的结构、体重分配的趋势，还有可能是脚掌的长度。不管从哪个角度来说，男女差异都是存在的，这一点是大家所公认的，否则各类赛事就不会分男女了。不过尽管存在着差异，女性长跑选手如琼·贝努瓦·塞缪尔森、乌塔·皮皮格和格蕾特·魏茨都曾打破过埃米尔·扎托佩克于 1952 年在赫尔辛基创下的奥运会马拉松纪录：2 小时 23 分。后来也有男性打破过这个纪录，领先约 16 分钟。安·崔森则赢得了超级马拉松的总冠军。

　　短跑、中长跑和长跑反映的是两种不同的生理活动，所以如果我们让世界上最优秀的长跑选手去和羚羊或马比一场 100 千米的比赛，结果会如何呢？羚羊和马会耗尽燃料，提前倒下吗？训练有素又充满动力的人类选手会战胜这些以速度著称的动物吗？在这场比赛真正举行并得出结果之前，相对于人类选手的长跑耐力，我对羚羊的耐力持保留看法。

　　羚羊像是一辆性能极好的大众汽车，体内拥有类似于八缸发动机的构造。它们的速度证明了有氧能力的重要性。对于中长跑运动员来说，有氧能力也同样重要。但我参加的不是中跑而是超级马拉松。为了获得中长跑时的速度，羚羊和人类选手一样，在能量储备和消化上都做了妥协，就像盔甲上出现了裂痕，如果想在马拉松比赛中战胜它们，这些裂痕就是必须加以利用的地方。

第十章　骆驼的秘密武器

　　进化带来的问题，我们可以从动物的身上找到答案。几百万年来，大自然一直在动物身上做着实验，这些实验客观公正，得出的结果也十分具有启发性，因为实验数量巨大，得出的结果也千差万别。在这种差异性中，我们能找到某个客观事物的优缺点。为了应对不同的环境和条件，不同的动物选择了不同的进化方案，它们所处的环境可能和我们有很多不同，它们的选择可能也和我们的大相径庭。有些动物放弃了奔跑，进化出厚重的防御系统，例如壳和棘刺（海龟和豪猪就是这样）；有的动物则拥有了化学武器（如臭鼬）。对于我们以及大多数脊椎动物来说（如恐龙），不论是捕食者还是被捕食者，奔跑的速度都至关重要。骆驼已经适应了长途旅行，所以它们可以向人们揭示跑步中耐力的秘密，羚羊就不行。

　　人们通常认为骆驼并不擅长长跑。和同为有蹄类的羚羊比起来，它们显得迟钝而又笨拙。提起骆驼，人们想到的是它们超强的生存本领。它们向人们展示了如何应对高温缺水环境，而这也恰恰是马拉松运动员们经常会面临的问题。那么是什么赋予骆驼耐高温、耐缺水的高超本领呢？它们身上到底有哪些因素是人类和其他动物所没有的呢？我们可以从一本书上找到答案。这本书的作者是希尔德·高迪尔·皮特斯和安妮·英尼斯·达格。他们在撒哈拉沙漠中待过很多年，对那里的单峰驼进行了细致的研究。

在任何距离足够长的跑步比赛中，所有的运动员都会面临同样的问题：如何控制过热以及水分和能量损失。这也是骆驼会遇到的生存问题。两者的区别在于，对于骆驼来说，这可能是长期存在的问题，毕竟很多骆驼都生活在沙漠地区，而长跑运动员只会在比赛中的某段时间遇到这个问题。跑 1 英里或者 1500 米的运动员根本不会有这方面的问题，到了 10 千米的时候，过热的问题才有可能出现。跑到 100 千米的时候，我通常会遇到另外两个严重的问题：水分流失和能量损失。骆驼在极端环境下的行程经常会超过 100 千米。它们是如何做到的呢？弄清这个问题可能有助于我们解决长跑中的发热问题。

骆驼

和羚羊以及马不一样的是，骆驼并不具有强大的爆发力，无法在短时间内快速奔跑。据报道，它们的最高速度为 10 英里每小时。相比之下，马的速度就快得多。1973 年的美国赛马贝尔蒙特锦标赛中，一匹名叫"秘书处"的赛马以 2 分 24 秒的成绩赢得比赛，并创下世界纪录。赛道全长 1.5 英里，所以"秘书处"的平均速度约为 37.5 英里每小时。不过据说骆驼能在 16 小时内走上 100 英里的距离。它们只要花上 2 天的时间就能从开罗走到加沙（全程 300 千米）。一次，一匹马和一匹骆驼赛跑，赛道全长 176 千米，它们在一天内完成了比赛，马最终获胜，但也只能算作勉强获胜，因为第二天马就死了，而骆驼还健在。人类曾经用 4 天的时间跑完了 600 千米的距离，而且这个纪录还在不断上升。现居澳大利亚的希腊人伊安尼斯·库罗斯可能是人类历史上最伟大的超长距离跑者。他曾经用 10.4 天的时间跑完 1000 英里（约 1600 千米），一天平均跑 153.4 千米。

　　不过即使人类的表现如此优秀，我们还是不能简单地将其和骆驼进行对比。因为人类选手沿途能获得食物和水的补给，而且是要多少有多少。相比之下，骆驼就没这么好的待遇了。骆驼的成功向我们证明，稳扎稳打才是赢得比赛的关键。

　　骆驼通常都在步行，而非奔跑。它们奔跑起来时一侧的前蹄和后蹄同时向前，然后换成另外一侧，如此循环往复。在这种奔跑的姿态下，它们的身体会左右摇晃，先是由一边支撑身体，然后再换到另一边。骆驼跑步的姿势和我们完全相反，但对骆驼来说却十分经济划算，因为这种姿势减少了拮抗肌的使用。拮抗肌会影响身体的摇摆，提高身体的灵活性和稳定性。对于在一大片沙漠中行走的骆驼来说，稳定性和灵活性其实没那么重要，因为它们基本遇不到敌人。

骆驼并非金刚不坏之身，它们也会死于过度劳累或者营养不良。这一点埃占苏丹①的法国士兵应该很清楚。1883 年，法国军队建立了一支拥有三万四千头骆驼的骆驼军团。从 1883 年一直到 1921 年，骆驼军团跟随法国士兵，参与了所有的军事行动。1900 年，由于过度劳累和缺乏照料导致两万头骆驼死亡。后来，法国雇了沙漠游牧民族来骑乘骆驼。这些骆驼兵在照料和使用骆驼上颇有心得。他们一般驱使两头骆驼，一头工作的时候，另一头就在休息。在长距离的旅程中，他们会将骆驼的工作时间减半。就这样，在法国军官的领导下，这群骆驼兵对像图阿雷格部族这样强悍的叛军展开了长距离的追击。1932 年 3 月，在一场著名的突击战中，勒科克上校率领着他的骆驼兵在 8 天之内，行军 770 千米，追击曾袭击过他们的埃米尔阿德拉尔。1911 年，夏尔莱上校率领骆驼骑兵跨越了 7000 多千米的距离，追踪非法贩卖奴隶的图阿雷格部族。经历过如此长距离的行军后，这些骆驼通常都需要六到八个月的休息时间。那些体力严重透支的则需要一年才能完全复原。

在上述漫长而艰苦的行程中，骆驼移动的速度也很快。它们要消耗大量能量，体内热量的产生也会随之加快，再加上环境的高温，骆驼时刻面临着身体过热的威胁。从生理学的角度来说，骆驼可以通过出汗散热，但这绝不是长久之计。水在沙漠里通常是稀缺资源，骆驼在沙漠中的续航能力主要来自它们的用水策略。据我猜测，那些在比

---

① 埃及统治下的苏丹。

赛或者长途跋涉中累死的骆驼可能有着共同的死因：脱水。面对艰苦的生存环境，骆驼可能进化出了行之有效的节水措施，来应对脱水和脱水引起的衰弱效应。那它们到底采用了哪些方法呢？这个问题直到20世纪50年代才得到解答。克努特、博迪尔·施密特·尼尔森和他们的同事做了一系列实验，终于找到了骆驼的节水秘诀。原来，它们的续航能力并非来自饮食，实际上它们对吃的一点也不挑剔，各种植物来之不拒，甚至连扎嘴的荆棘也下得去口。

近两千年以来，人们一直以为骆驼的耐力来自于它们的储水能力。老普林尼（公元23—79，古罗马百科全书式的作家，以其所著《自然史》一书著称）宣称，骆驼将水储存在胃里。这种说法成为公认的事实。1950年，有人出版了一本科学著作，书里的观点和普林尼相同，还详细地介绍了骆驼瘤胃（反刍动物的第一胃）旁边水囊（装有消化液的腺体？）的结构。事实真是如此吗？骆驼能在炎热的沙漠走上几个星期不用喝水，在同样的环境下，人类都活不到第二天。施密特·尼尔森一行人对此展开研究，他们发现骆驼的储水能力比每天都需要喝水的牛强不了多少。

除此以外，通过简单的计算，施密特·尼尔森还发现另外一个秘密：骆驼驼峰里的脂肪才是它们体内水平衡的关键。驼峰可以提供荫蔽，其中所含有的脂肪还可以间接影响水平衡。对一头饥饿和脱水的骆驼来说，它的驼峰（通常重10到15千克）确实会缩小，因为里面的脂肪作为燃料几乎被耗尽。

食物在代谢过程中会生成二氧化碳和水。每单位脂肪燃烧时产生的水比蛋白质和糖都要多。与此同时，新陈代谢中所需的氧气来自呼吸，呼吸又将富含水分的空气排出体外。在像沙漠这种极端环境中，脂肪燃烧产生的水分还抵不上呼吸作用排出的水分。所以，骆驼利用驼峰里的脂肪代谢来产生水分的说法纯粹是无稽之谈。

所以，骆驼的驼峰更像马拉松选手携带的小腰包。在补给站数量稀缺且距离遥远的情况下，马拉松选手有时就会携带这样的小腰包，为自己补充能量和水分。骆驼的驼峰并不是一个大水库，而是"压缩食品"的存储场所，里面装满类似于能量棒一样的东西。骆驼的脂肪集中在背上，而不是分布到身体各处。这样一来，其腹部和其他被阴影遮盖住的部位就变得没那么隔热，有利于热量从身体核心部位释放出来。更重要的是，毛茸茸的驼峰可以像人类的头发一样，起到隔热的作用，减少流汗引起的水分流失。

骆驼的秘诀还在于忍耐——忍受干燥的能力和顽强的生命力。如果我们的失水量达到了体重的12%，那离死亡也就不远了，但骆驼却能忍受40%的失水量。缺水之后，骆驼一次性能摄入相当于20%到25%体重的水分。人体在摄入水分后，水从胃部到达血浆的速度较为缓慢，一小时只能达到约25%的水平衡。而骆驼的血液可以被大量水分稀释，程度是其他哺乳动物所不能忍受的。随着血液的稀释，我们的细胞会膨胀并且破裂，危及生命。所以如果一次性摄入过多水分（尤其是不含糖盐的纯水，这种水被身体吸收的速度更快），人类甚至有可能死于水中毒。长跑时要摄入多少水分呢？喝多少水就会过量呢？因为环境和个体的差异，没法给出固定的答案。不过，发生在长跑运动员身上的更多是饮水不足，导致的结果就是中暑。骆驼不用担心水中毒的问题，因为它们的细胞最多可以膨胀到240%而不会破裂。

在人类和骆驼体内，血浆大约占全身水分的 16%。当身体失水量达到了体重的 25% 时，骆驼的血容量（血细胞容量与血浆容量的总和）只会减少 1% 或更少，而人类减少的至少是骆驼的 3 倍。水分减少，但红细胞仍然存在，血液就变得浓稠起来。浓稠的血液像糖浆一样，黏性很强，其流动速度变慢，循环能力下降，无法及时将热量送到皮肤表面进行散失，这时人就有可能中暑，严重时会致人死亡。骆驼有着独特的椭圆形红细胞，并且它们的体积也很小，这样就减小了血液浓稠的程度，保证血液能顺利通过毛细血管。

骆驼还可以通过减少尿液带来的水分丢失，来增强体内的水平衡能力。人类尿液的浓度只比海水稀一点。而拥有强大肾功能的骆驼，可以将尿液的浓度提升至海水的两倍，用最少的水排出最多的废物。骆驼甚至还能饮用盐水，从中获取水分，而人类如果喝盐水的话，反而会越喝越渴，因为我们需要动用更多的水分来代谢其中的盐分。骆驼瘤胃中的益生菌也有助于减少排尿量。肠胃中的这些益生菌有着变废为宝的神奇能力。它们可以将尿液中蛋白质代谢产生的废物重新吸收，供身体循环利用。通过这些机制，骆驼可以省下更多水分用于流汗散热，这样就能在高温环境中走得更远。

和其他很多生活在沙漠中的哺乳动物一样，骆驼能够通过控制体温来调节新陈代谢的速率。这是它们在缺水、缺食物的环境下进化出来的一大能力。体温越高，新陈代谢的速率就越快，热量产生的速率也会越快。外界温度过高时，身体需要出汗来散失热量、降低体温。汗水会带走大量宝贵的水资源，所以此时降低新陈代谢速率和体温就变得十分重要。

生活在沙漠中的动物必须要解决以下棘手的问题：一方面，面对高温必须加快散热，这就意味着要减少体表的毛发量；另一方面，面对暴晒要减少太阳光的直射，因此需要增加毛发量来遮阳。针对这个两难的问题，它们采取了分区处理的方法。处在阴影下的身体部分上很少或者完全没有毛发，而被太阳直射的部位则长满了毛发。之前我们曾提到过，骆驼硕大的驼峰和驼峰上厚厚的毛发能起到隔热和遮阳的作用，减少阳光直射带来的热量。在阳光下，骆驼背部毛发的温度可达 70~80℃（158~176℉）。这么高的温度之所以不会给它们造成伤害，是因为阳光接触到的是其毛发而不是皮肤。如果皮肤直接暴露在阳光下，其温度也会升高到类似的数值，而骆驼的皮肤是无法忍受这样的高温的。通常情况下，骆驼的皮肤温度不会超过 45℃（113℉）。皮肤温度一旦上升，只有一种解决方法：排汗。对于行走在沙漠中的骆驼和人来说，排汗是水分流失的主要途径。通过观察被剃毛的骆驼和正常骆驼水分流失的情况，克努特·施密特·尼尔森发现：在夏天，被剃毛的骆驼丢失的水分要比正常骆驼多 50%。

运动中，体内的新陈代谢是热量的一个主要来源。白天沙漠中的温度通常会达到 40~45℃（104~113℉），但到了夜晚，温度可能会急骤下降至 30℃以下。缺水的骆驼就会利用这种温差来调节体温，它们身体的核心温度最低可降到 34℃（93℉）。到了白天，体温又会升至 40.4℃（104.7℉）。夜晚的低体温有利于降低静息代谢率，由此减少体内热量的产生。清晨，骆驼的体温仍然处于较低的水平，它们启程时会走得很慢，走上一段距离后，体温逐渐升高，直到体温升高到需要以出汗或者休息的形式进行调节为止。骆驼能忍受的体温越高，越能延长它们用水量低的时间。缺水的骆驼甚至会在36~39℃（97~102℉）这样狭小的范围内调节体温。这样看来，它们其实并不擅长调节体温，这一点和骆驼速度慢的特点一起，被视作它们的缺陷。现在看来，事实并非如此。这其实是它们在沙漠长途跋涉进化出的精妙本领。骆驼的耐力和节水能力究竟来自于它们对缺水高温环境的适应，还是早已被写进它们的基因里，又或是两者皆有？我们不得而知。和骆驼一样，我们的体温在夜间也会降低2~3℉，此时心跳速率也会降低。大部分人都要花上一段时间才能让身体重新暖和起来，增加自己的速度。

总而言之，骆驼在沙漠中的超长续航能力来自于它们对于水平衡的掌控。它们会在体温较低时启程，行动相对缓慢，并且还能忍受缺水和高温。它们想尽办法躲避阳光，从而降低体温，并通过各种手段减少排泄带来的水分流失。它们血液的化学成分有利于对抗脱水。因此，骆驼可以给参加马拉松比赛的选手们带来很多启发：马拉松选手在日照下跑步时应该留长发或者戴帽子，穿宽松的衣服遮阳。经常性少量饮水要比一口气喝许多水要好，因为我们没有像骆驼一样优秀的水平衡能力，用更高的耗水量换来了更快的速度。除此以外，请注意以下温馨提示：不要尝试像骆驼一样喝盐水、一次性喝下大量淡水，或者吃多刺的灌木。

第十一章　蛙的运动之道

马克·吐温曾写过一篇幽默小说《卡拉韦拉斯县驰名的跳蛙》。书中，一个外乡人向青蛙的主人"无名的吉姆·斯迈利"提出了质疑："嗯——原来是个蛤蟆，它有什么特别的呀？""噢，"斯迈利不紧不慢地说，"它就有一件看家的本事，要叫我说——它比这卡县地界里的哪一只蛤蟆蹦得都高。"后来发生的事情我们也都知道了，斯迈利的青蛙根本就跳不起来。原来斯迈利外出为没有青蛙的外乡人找一只青蛙，要和他比赛。外乡人则趁他外出找青蛙之际，往他的青蛙肚子里塞满了打鸟用的铁砂，借此赢得了比赛和一大笔赌金。

从马克·吐温那个时代起，蛙就一直跳个不停。在没有障碍物的情况下，它们双腿同时发力进行冲刺，能在短时间内迅速跳出很远的距离。跳蛙界的现任冠军是一只名为罗丝·利比特的牛蛙。在卡拉韦拉斯县的年度跳蛙欢乐赛，它在三连跳中创下了世界纪录：21英尺5.74英寸。虽然这还比不上跳远选手鲍勃·比蒙创下的奥运会纪录29英尺2.5英寸，但对于一只蛙来说，能够超过21英尺已经很了不起了，虽然这是它跳了三次才达到的距离。

蛙的腿具有极强的爆发力。和冲刺的猎豹、人类跑步选手一样，蛙在跳跃的时候，燃烧糖类也不需要立即使用到氧气，也就是说，它们依靠无氧代谢，而这是要付出一定代价的。几秒钟之内，乳酸就会在体内堆积，它们的肌肉也会发紧。如果罗丝在获胜后再接着跳出一个三连跳，那它每一跳的距离都会变短。这不是无稽之谈，而是有着充分的科学证据。

在好奇心的驱使下，人类有时会做出各种各样奇怪的事情。我在加利福尼亚大学的一名同事曾经把蜥蜴放在一个微型跑道上，让它们拼命向前跑，一直跑到累瘫了为止，然后他一把抓起蜥蜴，把它们放进搅拌机里研磨，测量蜥蜴体内乳酸的堆积量。通过分析蜥蜴在不同冲刺时间后的乳酸量和冲刺结束休息不同时间后的乳酸量，他得出了结论：有些蜥蜴要花上一小时或者更多的时间才能完全代谢掉身体内堆积的乳酸。青蛙的运动也会遇到类似的限制。自由潜水员也面临着同样的问题（指不携带氧气瓶，只通过自身调节腹式呼吸屏气尽量往深潜的运动）。在水下接触不到氧气的时候，他们体内也会有乳酸堆积。在这一方面我们并没有什么重大的发现，只是重新确认了从日常生活中发现的一些事实。如果我们想跑得远，就不能冲刺，也不能屏住呼吸。比赛中跑到一半的时候，最好不要冲刺，要把冲刺放到最后，因为在比赛结束后，你才能还清氧债。

有些蛙则是优秀的耐力选手，但并不体现在跳跃方面。每年，它们都会举办不同凡响的耐力大赛。参赛选手必须是雄性，它们比拼的不是无氧跳跃，而是有氧鸣叫。获胜者的奖品就是和旁观雌蛙的交配权。鸣叫可是一项十分消耗体力的有氧活动，雄蛙叫的时间越长，获胜的可能性就越大。所以每只雄蛙都会拼尽全力。这种蛙鸣大赛并不

牛蛙

雄性树蛙鸣叫

会像加利福尼亚州天使游乐园的牛蛙跳跃大赛那样对大众开放，因为这群体形娇小、善于伪装的参赛者们只会聚集在偏远的沼泽地附近，天黑之后才开始比赛。后来，康涅狄格大学西奥多·L.泰根和肯特伍德·D.威尔斯实验室的研究人员也举办了这样的比赛，由此揭露了鸣蛙们的秘密。研究人员发现，雄性树蛙在鸣叫时，可以达到最大摄氧量的60%，这和马拉松选手在长跑时的输出功率相似。每天晚上，雄蛙开动马力连续不停地叫上好几个小时，一直持续到快天亮。当然，也不是所有的选手都能坚持一晚上的。

有些蛙类的比赛竞争十分激烈，参赛者可达数千蛙，不过每只蛙各自努力，完全无视其他选手。泰根和威尔斯还发现了一个有趣的现象，比赛中只要雄蛙看到旁观的雌蛙，就会立即提高嗓门，将有氧输出功率提高到将近百分之百，不过这种洪亮的鸣叫并不能维持很久。

雌蛙会被叫声最大的雄蛙所吸引，虽然只是权宜之计，但当雄蛙看到有雌蛙在附近时，应该提高嗓门来吸引雌蛙靠近。不过在黑暗中，雄蛙也不知道周围是否有雌蛙存在。因此当在黑暗中鸣叫的时候，它就必须要保持大声，尽可能地叫最长的时间。那些有氧能力最强的蛙可以用最大的声音叫最长的时间，获得最后的胜利，留下最多的后代。蛙的行为和生理结构（这是它们行为的基础）是数百万年来进化的结果，也是它们在最大能量输出和持久能量输出之间角逐做出的最佳选择。这就为我们提供了很好的研究样本。

雌蛙不需要参加这种消耗能量的鸣叫大赛，所以它们和雄蛙有着不同的生理结构。雄蛙和雌蛙的长度相同，腿部重量相同，但是雄蛙的总重量约为 1.25 克，而雌蛙却只有 1.05 克。多出来的重量就长在了雄蛙的躯干上。雄蛙的躯干重约 0.18 克，雌蛙就只有 0.03 克。雄蛙身体上的肌肉非常发达，所以它们小小的身躯才能发出那么洪亮的叫声。没有这些发达的肌肉，雄蛙的叫声可能小得可怜。类似的雌雄个体差异（行为和生理）还体现在美洲大螽斯和蟋蟀的身上。它们的求偶方式和氧化代谢与蛙类似。

蛙的躯干肌肉和腿部肌肉正好相反，其中进行的主要是有氧代谢。和大雁、羚羊以及人类长跑选手一样，它们的这些肌肉中富含线粒体。线粒体这种小小的发电机会聚集在所有需要有氧代谢的细胞中。蛙的线粒体内含有柠檬酸合酶——一种在有氧代谢中起关键作用的酶。这种酶在蛙体内的含量比其他冷血动物（迄今为止接受过检测的）都要高。不仅如此，雄蛙体内的线粒体还含有用于脂肪酸代谢的关键性酶，其数量是雌蛙体内的 12 倍。由此，我们可以推断，脂肪酸的氧化代谢在蛙的持久鸣叫中起到关键性的作用，人类长跑中的代谢也是如此。所有动物的行为都和它们的生理结构密不可分。在进化的过程中，蛙已经达到了最大输出功率和最长持续时间之间的平衡。这对于马拉松选手的启示就是要关注步伐和配速的问题。

在实验室里，通过测量蛙鸣叫的频率技能得出蛙的有氧消耗。在野外时，人们可以通过蛙鸣的频率来估算它们的能量消耗，这和测量人的能量消耗类似。你可以先在实验室的跑步机上测量人体能量消耗，然后在赛道上通过跑步的速度来推测出人体的能量消耗。将野外估算出的平均有氧输出和实验室里观察到的最大输出作比较，能够计算出蛙的平均输出功率占最大输出的百分比。这个数值我们之前也提到过，约为最大输出的 60%。不过蛙的鸣叫声是逐渐上升的，不会立刻就很大声。

马拉松选手起跑的速度通常不快，雄性树蛙也是如此。夜晚的鸣叫大赛刚开始时，它们每小时大约会叫上 600 声，然后在接下来的两小时内逐渐加快，加快的程度也有个体差异，最后在天快亮的时候，又逐渐减缓叫声，这时很多选手已经体力不支，陆续退出了比赛。泰根和威尔斯磨碎了所有的蛙，测量它们体内的乳酸堆积量，结果发现虽然蛙在刚开始时叫声很慢，但前半个小时堆积的乳酸量居然比后面叫声频率最高的时候还要多。由此可以看出，蛙需要进行一段长时间的预热（此时它们使用糖原作为燃料），才能转换成脂肪代谢。蝗虫在飞行时、人类在跑马拉松时都会出现这种现象。所以我们从蛙身上学到的一课就是：缓慢起步，在最终冲刺前保持较慢的节奏。

蛙的鸣叫节奏不仅体现在慢热上，还有每次叫声的长度和休息频率上。很多马拉松选手（跑步时间在一天以上的马拉松比赛）都会有这样的疑问：到底该每跑 10 英里后走上 1 英里（平均步伐不变），还是每 1 英里走上十分之一的距离？哪种方式更省力？从蛙鸣大赛中我们或许能找到答案。

同性之间的竞争和雌蛙的存在会对蛙的鸣叫行为产生重大影响。雄蛙叫声可长可短，而雌蛙喜欢叫声最长的雄蛙。所以雄蛙在和其他竞争对手一起鸣叫或者被录音机播放的蛙鸣欺骗时，会发出叫声更长的鸣叫，长度是其独处时的两倍。雄蛙单独鸣叫时，通常发出短鸣。

长鸣比短鸣要耗费更多的体力。蛙在拉长叫声时，会降低频率来保证能量消耗不变。从进化的角度来说，这其实有些说不通。如果更具吸引力的长鸣和不受欢迎的短鸣消耗的能量相同，那短鸣还有存在的意义吗？长鸣是否需要付出某种代价呢？确实如此。这种代价就是体力的更多消耗。在给定的能量消耗率下鸣叫时，和短鸣比起来，长鸣持续的时间要短很多。举例来说，平均鸣叫声持续约 350 毫秒的蛙，一晚上能持续 3.75 小时。而平均鸣叫声持续约 500 毫秒的蛙则只能持续 2.25 小时。

为什么在给定的能量消耗率下，蛙的长鸣会更加消耗体力？迄今为止，没有人能给出答案。会是糖原耗尽的原因吗？从人类的研究案例来看，长跑时消耗的主要是脂肪，但当肌肉里糖原耗尽的时候，即使还有大量的脂肪可用，我们也跑不动了。这是为什么呢？一种假说认为，糖类（可能还有蛋白质）参与到人体内的一种重要循环——克雷布斯循环，这样脂肪才能在这个循环中被利用。据我推测，蛙的长鸣会导致肌肉内糖原急剧下降。因为每一声鸣叫虽然只持续不到一秒，但却需要迅速获得能量，这个过程用到的更多是糖原，在长鸣中，肌肉糖原的使用量可能会稍有增加。在鸣叫声的间隔中，部分或者所有糖原会被储存起来。延长鸣叫的时间可能会打破糖原的消耗平衡，加快糖原的消耗。糖原耗尽时，蛙的叫声就会停止，即使它们体内还有富余的脂肪储备。

蛙的长短鸣叫原则是不是也适用于人类的跑步选手呢？大多数马拉松选手的步伐都很小，我自己也是这样。虽然步伐大，跨越的距离也长，但是这样很容易疲劳。

现在得出这样的结论还为之过早。不过如果我打算在一场持续六天的马拉松比赛中获胜的话，我的策略就是减小步伐。在这么长的赛道中，肯定没法一口气跑完全程，所以我要在跑和走的两种模式中快速切换，不跑太长的时间，也不休息太长的时间。不过，我没法确定到底切换的间隔为多久才最合适，这只能看个人经验了，因为现在还没有相关方面的数据作为佐证。不过，超级马拉松选手凯文·斯坦尼告诉我，他在参加1993年奥兰德公园的24小时超级马拉松赛的时候，就采用了这种跑走切换的模式。在这场比赛中他跑出160.4英里的好成绩，创造了美国公路跑的纪录，也将其个人最长纪录增加了35英里。当我问到他采用什么方法的时候，他表示，走跑切换模式是他成功的关键。之前他曾在《极限奔跑》杂志上看到我写的一篇关于蛙的文章，受到启发后将其运用在实战中。那篇文章是我在看完泰根和威尔斯对于树蛙的研究后写出来的。也许我自己也可以尝试下，但现实情况却不允许。

在芝加哥那场100千米的马拉松比赛中，如果我要在自己预设的时间跑到终点，中途就一秒都不能耽搁。100千米的比赛对于马拉松选手来说，相当于短跑选手的100米，中距离选手的10千米，是国际超级马拉松比赛的标准赛道。即使如此，这段距离还是太短了，如果你想要获胜或者创下纪录，就必须一刻也不能停留，每一步都要快。因此我就只能考虑平均速度和步伐的长度，起步要快，保持速度，一直跑下去。鉴于现代生活方式的改变，人们可能已经不适应这种跑步模式了。现在大多数人所处的水平似乎并不能真正反映几百万年前甚至是几十万年前人类的能力，也不能代表我们现在能达到的水平。虽然无法确定人类曾经能达到的水平，但是就和其他动物一样，我们仍然能在自己的身上找到过去的痕迹，并从中发现自己（在给予合适条件的情况下）仍可能做到的事情。

第十二章　用两条腿（或更多腿）跑步

人类依靠自己的聪明才智可以创造出各种发明，但永远也比不上大自然这位能工巧匠，也无法创造出比自然杰作更美丽简约的作品。因为在自然界中，所有东西都恰到好处，无可挑剔。

——列奥纳多·达·芬奇，15 世纪

人类在跑步的时候要做出很多战略性的决定。对于有些依据科学做出的选择，我们可以从动物身上得到启示。就像画家在作画时要了解色彩组合、颜料运用、阴影、高光等技巧一样，运动员跑步的时候也要掌握生理学知识，这是他们能否跑出佳绩的基础。不过，尽管动物能够告诉我们生理机制是如何运转的，尽管我们能基于此做出一系列有利于跑步的选择，但在比赛中（绘画也是一样）是否能获得好成绩仍不确定，因为存在着太多的变量。

不过有一件事是我们无法控制也无需操心的，那就是我们长了多少条腿。和速度一样，动物的腿数也各不相同。在奔跑能力的进化中，节肢动物、恐龙、鸟类、爬行动物以及不同种类的哺乳动物都有着不同的进化历程，它们长了多少条腿也不相同，所以我们完全有理由

走鹃

提出疑问：腿的数量会影响到奔跑的速度吗？公元前 4 世纪，亚里士多德曾说过："如果一种方法比另一种方法好，那么可以肯定这是自然的方法。"但自然的方法也有很多种。亚里士多德率先对自然界的事物展开了研究，但他显然不了解我们在进化史上受到的限制或者不得不做出的改变。

　　我们的总鳍鱼祖先靠着自己的四个鱼鳍爬上陆地，它们的四鳍后来慢慢进化成人类现在的四肢。那么腿越多，跑得就越快吗？抑或是相反？在这个问题上，节肢动物给我们提供了一个详细的对照范本。不同种类的节肢动物，腿的数量也千差万别。比如千足虫，其种类不同，腿的数量也各异，有一百多条的，也有两百多条的。即使它们将大部分腿都派上用场（有些向上，有些向下，同时运动），跑得也很慢。

蜈蚣大约有五十条腿，速度也不快，当然和千足虫比起来，它们还是要快上不少。很多蜈蚣的腿都是可再生的，它们展示出一种新颖的逃跑方式。有一种长腿蜘蛛和蜈蚣在被敌人追赶时，会"自断双腿"，在地上微微抽动的断腿分散了敌人的注意力，它们则乘机逃之夭夭。八条腿的蜘蛛比蜈蚣跑得快。蜘蛛失去一条腿后还会再长出来。也许它们需要一套健全的腿，不仅用来跑步，还用来织网。昆虫有六条腿，情况各不相同，有些跑得很快，就像我之前提到过的虎甲，至少在温度高的时候跑得很快。其余的则跑得很慢。

要是从运动的效率和流畅性来说，很少有昆虫能和几种蟑螂相媲美。那它们是如何奔跑的呢？针对这个问题，科学家们也展开了研究。目前为止，已经取得很多重要的进展。高速摄影机拍摄到美洲大蠊的运动方式。美洲大蠊是蟑螂界的速度冠军，它一次会抬起三条腿，另外三条则踩在地上。身体一侧的第一、三条腿和另一侧的第二条腿组成一组，同上同下，两组腿交替运动。它们走和跑的区别仅在于两组腿交替运动的速率。不过有些蟑螂在全力冲刺时，会有一些特别的动作。它们展开翅膀，身体重心后移，用两条后腿移动。通过这种方法，美洲大蠊的冲刺速度能达到每秒 50 个身长，换算下来，它们的速度要比猎豹快上 4 倍，而猎豹是陆地上绝对速度最快的动物。

蟑螂也有很多种，不是每只蟑螂都是飞毛腿。大卫·乔治·戈登——世界上最权威蟑螂大全的作者——说过："德国蟑螂的速度如果能达到每秒一英尺，它们就能过上十分舒适的生活。"马达加斯加蟑螂跑得更慢。到目前为止，还没有人有兴趣（或者耐心）来测量它们的速度。

　　　　　　　　　　　　人类为何奔跑

普通双冠蜥（又称蛇怪蜥蜴）

"这群小家伙可真能跑。"阿尔温·普罗文萨这样描述美洲蟑螂。作为普渡大学昆虫馆的馆长和全美蟑螂赛跑的组织者，他在这方面确实有发言权。全美蟑螂赛跑的参赛选手主要是美洲蟑螂，举办这类赛跑的主要目的就是为了观察蟑螂在特制环形跑道上奔跑的速度。参赛选手来自于昆虫学院的研究库存，这些血统纯正的蟑螂们也分别得到各自的昵称，例如热力跑、下水道萨姆、小恶心等。观察人员用鲜艳的丙烯颜料将它们的名字写在背上，以供区分观察，1995 年时有 7000余种。选手奔跑的动力是光。它们先是被关在暗处，发令枪响后，它们被暴露在日光下。每位选手都会拼命地向前跑去，因为在蟑螂五亿年的进化史中，任何一只不能快速躲进暗处的蟑螂很快就会成为一具尸体。不过如果它们体形够大，身披厚甲，拥有足够的防御措施，比如马达加斯加蟑螂，就没必要跑那么快，当然它们可能也跑不快。实际上，在全美蟑螂赛跑中，马达加斯加蟑螂并不参与跑道上的赛跑，它们的测试项目变成拖迷你版的黄绿色约翰迪尔拖拉机。虽然有人在比赛里下注，但这场比赛也不全然是搞笑，毕竟它证明了蟑螂在用两条腿奔跑会获得最大速度。

古生物学证据表明，所有的四足恐龙都可能跑得很慢或跑不远，但两足恐龙，如似鸡龙、秀颌龙、迅猛龙等则跑得很快。鸵鸟是一种动作优雅的鸟类，其速度可达 70 千米每小时，它能以这个速度跑上很长一段距离。它们的祖先就是一种两足恐龙。类似情况也发生在蜥蜴的身上，尽管现在有些蜥蜴利用四条腿就能快速移动，但也有一些蜥蜴，例如普通双冠蜥、凤头水龙和其他蜥蜴等在抬起身体用两条腿跑步时，跑得最快。用两条腿跑步时，普通双冠蜥甚至能化身"水上漂"，在水面上行走，因此又被称为"耶稣蜥蜴"。既然蟑螂和蜥蜴在使用两足时跑得更快，从这点看来，我们从半直立的猿类进化成两足行走的人类，似乎也有一定的道理，奔跑速度可能就是其中一方面因素。

两足哺乳动物通常生活在相对开阔的干旱环境，在那里，远距离的视野和快速移动的能力能让它们在觅食和躲避天敌中占到先机。大家比较熟悉的两足动物有澳大利亚的袋鼠、非洲的跳兔和早期原始人、北美的更格卢鼠和跳鼠、亚洲的沙鼠。

所有能快速奔跑的两足动物都有着相同的步伐：连续快速的跳跃、双腿交替抬起或者双脚同时蹬地。脚蹬地会对身体产生很大的影响，导致潜在的能量损失，不过在进化的过程中，两足动物的身体已经形成了一套机制，能回收一部分损失的能量。从解剖学的角度来看，当脚掌踩实地面时，跟腱拉伸，脚趾触地；脚掌抬起时，拉伸的跟腱（韧带）缩回，释放出储藏的能量。这个动作最多可以保留 40% 的能量，这些能量会在迈出第二步的时候返回体内。我们的脚弓下压也会储存能量。通过对人类脚部的尸体实验，科学家们发现，进入到足弓的能量最多有 70% 可以返回到人体（不过跟腱和足弓的伸缩能力会随着年龄的增加而大幅下降）。当然，场地也会产生很大的影响，这一点田径比赛的选手都知道。在压缩 5~8 毫米的跑道（和足弓的弹性相当）上，运动员能获得最大速度。实验结果显示，不同硬度的赛道可以返回其 90% 的储能。

跑鞋也有同样的功效，但跑鞋的弹性一定要和跑道相匹配，这样才能吸收跑步时产生的震动，防止能量的散失。一双弹性好的跑鞋同时再加上一个弹性好的跑道并不会增加我们每跑一步所回收的能量值，相反，能量还会被抵消。这就好像在拍球，在硬的地面上会比在有弹性的地面上弹得高。

我们脚部的构造已经非常有利于回收能量，所以在比赛中，光着脚跑步其实也是一种十分有效的跑步方式，但前提是你要有一双十分结实的脚掌，能够踩实坚硬的地面，进而产生动力。我在非洲已经试验过了，结果证明我的脚掌还不够结实。阿比比·比基拉的脚掌显然比我要结实得多。1960 年罗马奥运会上，他光着脚参加了马拉松比赛，并创下了 2 小时 15 分 16.2 秒的纪录。他在接下来的一届东京奥运会上再创佳绩，比上届奥运会还要快 4 分钟，不过这一次他穿上了鞋子。后来我了解到那些成绩在 2 小时 10 分以下的优秀马拉松选手都是穿着鞋子的。

不论是甲虫、蟑螂、鸵鸟，还是猎豹，在进化的过程中，都会通过减轻脚的重量来提高速度。减重的方式有很多，例如减少脚趾的数量，拉长脚掌和脚趾的长度。这种进化趋势在马的身上得到了很好的体现。马蹄就是一个经过了强化和拉长的足趾，马跑起来的时候足尖着地。鸵鸟也是利用一个加大版的足趾进行奔跑，还有一个稍小一点的足趾在旁边提供支持。鹿和羚羊的蹄子上有两个足趾，不过这两个足趾的骨头已经结合在一起，形成一块细长的骨头。脚被拉长后，靠近脚的下半部分腿就会变轻，因为那些给腿部提供动力的肌肉主要都会聚集在腿部上方靠近躯干的地方，并且通过长长的肌腱和脚相连。这种结构不仅能加大步伐，还可以减少每一步的能量消耗。腿变轻了，行动就更轻便了。

我们的表亲猿人有 5 个足趾，每个足趾都有抓取功能。这样的脚慢慢进化，最终形成非常适应奔跑的结构。我们用轻松攀爬的能力换取了快速奔跑的能力，原本那些功能健全的足趾也失去了抓取物体的功能，变成现在这种几乎无用的脚趾。为了跑得更快，人们其实是"踮着脚"在奔跑，大部分力量通过大脚趾传递开来。冲刺的时候，我们的脚跟几乎不接触地面，这样有效地增加了腿的长度。力量来自于脚的前半部分。其实，从实用角度来看，如果只是纯粹地想提高冲刺的速度，我们也可以像羚羊和鹿一样将所有的脚趾合并起来，或者像马那样只留一个。

在进化的长河中，到底是哪些变量影响到了速度和与之相对的耐力，让人类跑得越来越快呢？我们没法给出确切的答案，不过有一点是毫无疑问的：这样的变量有很多。如果动物的进化可以作为我们的参考，如果我们确实遵循几百万年来的自然选择（尤其是针对奔跑速度的选择），那进化一定会改变我们的脚。我曾在上文中提过，女性跑步运动员，即使是那些特别优秀的，都跑不过男性。为什么会有这种差异呢？对此还无法给出一个明确的解释。不过，脚的长度是否就是原因之一呢？我曾做过一个非正式的调查，发现女性的脚比男性的要短，甚至和她们的体形都不太相称（比预想的还要短）。难道和女性比起来，男性在自然选择中要面临更大的压力，以至于他们不得不跑得更快？

　　对于一些动物来说，腿可能还会妨碍它们奔跑。我在非洲金合欢林地草原上遇到过一种陆地脊椎动物，它们没有腿，却跑得极快。当时的我年轻而又冲动，居然想把这种动物的皮扒下来作为战利品。于是我就在一片枯草地里的灌木丛中展开了追逐。等我足够接近，举起枪准备射击的时候，我的猎物突然猛地蹿了出来，用一双黑漆漆的眼珠瞪着我。几乎就在同时，它向我冲了过来。我急忙往后一跳，开始狂奔起来。猎物在我的身后紧追不舍，回头一瞥，我发现它就在我的脚后跟。我拼了命地向前冲去，很快到达一块开阔的沙地上。在灌木丛和沙地的分界线处，这条眼镜蛇终于停止了追击。它盘起身来，高度达到三四英尺，向我投来愤怒的目光。我转过身开了一枪。后来，我在缅因大学田径队里的队友还提起这件事，他们开玩笑说，正是这次眼镜蛇事件教会了我如何跑步。可能从进化的最终角度来说，确实如此。通过那次事件，我了解了跑步的真谛。

　　眼镜蛇是一种细长的蛇类。它们体表光滑，摸起来就像磨光玻璃。这种体形非常适合滑行。蛇的运动方式和鱼很类似，它们将横向力作用在地表，推动光滑的身体前进。这和帆船运动的原理基本相同，推动它们前进的不是肌肉的力量，而是风。毛毛虫看上去像在跑步，但它们并不是用腿在跑（三对前腿很短）。毛毛虫的腿主要集中在身体上。它们会像陆地上的海豹一样，蠕动前进。我们可以以热狗为例，来解释毛毛虫的蠕动方式。想象一下，一个外壳有弹性且硬度适中，里面装着黏糊糊物体的热狗，就是毛毛虫大致的结构。它们体内的肌肉从头至尾，连续伸缩，呈波浪形传递至身体的各个部位，在毛毛虫伸展的时候，伸缩波到达的身体部位就会离开地面，形成"一步"，所以它们的速度主要依靠步伐的频率，而不是步伐的长度。毛毛虫的腿只起到支持和固定的作用。它们的腿也曾为身体提供过动力，但在进化的长河中，渐渐失去了原有的作用。蛇类也是一样，它们曾经也有过腿，但因为腿会阻碍其运动，就渐渐在进化过程中消失了。不过在有些蛇的体内，我们还能找到退化不全的腿。

形态学对于人类也同样适用，我们能从自己身上找到过去的痕迹。就像查尔斯·达尔文在《物种起源》（*On the Origin of Species*）中提到的一样，"对于某些动物来说，它们身体上某个无关紧要的器官，对于其祖先来说可能非常重要。经过早期漫长的演化和改善后，这些器官几乎原封不动地被传递了下来，但对于现有的物种来说，这些器官可能已经没什么用处了"。从动物的骨骼肌肉系统上，我们能看到自然选择带来的痕迹。同样地，我们的神经系统和基本行为举止也是自然选择的结果。

不论是行为还是生理结构上，我们都能找到过去的影子。要想跑得快，我们不仅要有两足的生理结构，还有富有弹性的跟腱、强壮的脚趾，以及可能是最为重要的：心理因素。在下一章我会具体解释有哪些心理倾向，以及对于我们生活在非洲热带草原猿人祖先来说，这些心理倾向又是如何出现的。

　　　　　　　　　　　　　　　　　人类为何奔跑

第十三章　猿人的跑步进化史

> 跑步就像一场狩猎，连续不停地跑上 30 英里去追逐一个爆发力极强的猎物。当你最终追上它，将它生擒带回村里的时候，喜悦感油然而生。跑步就是这么美妙的一件事。
>
> ——2000 年美国 25 千米马拉松赛冠军　肖恩·方德

我们的祖先类人猿是一种奇怪的生物。它们可能是非洲平原上第一批食腐动物（注：指主要靠进食腐肉维生的动物），后来进化成为两足的捕食者。猿人既没有雄伟的身躯，也没有敏捷的身手，所以只能用合作和智慧闯出一片天地。

食腐的两足捕猎者最终进化成现在的人类。这种人类进化场景就像一栋房子，有很多处于不同阶段的房间，从毛坯房到快要装修好的，各不相同。在很多能工巧匠的建造下，房子不断被改造翻新，它的面貌才渐渐呈现在我们面前。这些建筑工匠包括古生物学家、人类学家、行为生物学家、生态学家、生理学家和解剖学家。这栋房子里的内容实在太多了，我只能尝试着去展示建造主要框架的一些证据和逻辑。我们的祖先，作为一种耐力捕食者，具有哪些心理和生理上的能力呢？我也会就各类观点稍作阐述。由于篇幅有限，不会对每个观点都去区分对错，只会回顾那些在我看来最有道理的剧本。在这个剧本当中，我认为占重头戏的是耐力。所有长跑运动员都知道，耐力的关键并不仅仅是汗腺，更重要的还有憧憬。想要继续跑下去，你必须要有清晰的目标和推断的能力——将那些不在视线内的东西都牢牢记住的能力。憧憬帮助我们走向未来，达成目标，不论是想杀死一只羚羊，还是想在比赛中创下纪录。

人类利用两足奔跑的历史持续了至少六百万年。非洲可能是人类奔跑开始的地方。当时非洲的生态环境发生了变化，茂密的森林逐渐被开阔的平原所取代，这时我们的祖先也从类似于猿人这样的生物中分化出来，走出森林。草原的扩张为食草动物带来了福音。有了丰富的食物，食草动物开始大量繁殖，成为人类祖先的食物。不过除人类以外，草原上还有其他很多捕食者，树林里既不安全，也不易隐藏。

就这样在非洲平原上，捕食者和被捕食者的军备竞赛开始了。这里既孕育着像猎豹这样的短跑冠军，也出现了猎豹的捕食对象——不同种类的羚羊。这里还出现了（现在仍有）合作型的捕食者，例如犬科动物和鬣狗科动物。它们抓住对手的弱点（耐力不足），展开攻击。为了应对它们的攻击，短跑健将们也找到应对之策，即用数量来换取安全。羚羊就是群居动物的代表。

毫无疑问，刚刚进化成两足的人类祖先并不擅长奔跑，所以除了速度以外，他们还需要新的生存技能，因此也学会了合作狩猎。现在，有些猴子和猩猩还会这样做。在大草原上，即使是那些习惯了独来独往的捕食者们在捕猎时也会联合起来。其中狮子就是典型的代表。它

　　　　　　　　　　　　　　　　　　　　　　　　人类为何奔跑

们不仅捕猎时有合作，平时也生活在一起，完全不像猫科动物的作风。

速度很有用，也很必要。我们的速度比不上猎豹，1小时能跑60英里，但猎豹也并不需要跑上1小时。实际上，猎豹的高速只能维持半分钟左右，在那之后就会遇到身体过热和乳酸堆积的问题，不得不停下来休息。虽然人类在速度上不占优势，但还有除了群居合作以外的其他优势。人类的手不仅可以用来攀爬和投掷，还能使用工具。除此以外，人类还拥有聪明才智。在保持直立行走的同时，也逐渐发展出奔跑的耐力。

人类的两足奔跑一直被认为是进化史上的一大谜团，因为和四足比起来，两足奔跑显然更费体力。不过当在平原上长距离移动的时候，和原始人类的祖先所用的指关节着地走的行走方式比起来，两足行走确实是一大进步。在进化的过程中，几乎每个方案都是妥协的结果。能量的消耗换来了双手的解放。手能做的事情很多，比如投掷石块和木棍，后来还能制作、运送以及使用武器。当然，人类还能用手将孩子抱回营地或者将猎物拖回营地。我们的祖先也许能像现在的黑猩猩一样，将物体用力扔出去。直立行走的人类看得更远了，必要时还能应对不同方向的攻击。

英国生理学家彼得·惠勒曾提出过这样一种观点：我们之所以进化成两足行走，部分原因为了在走出森林后的火热阳光之下调节温度。从天蛾、蜜蜂和骆驼的例子上，我们知道了减低热量输入或者增加散热都能够提高耐力。惠勒给两足人类模型和四足人类模型分别拍了照，发现在直立的状态下，身体接受的太阳辐射可减少60%。除此以外，直立的身体更有利于对流散热。我在第十二章也曾说过，两足的形态能提高速度。不过即使没有速度这项加成，即使两足行走会消耗更多能量，其带来的好处也足以弥补这些不足。例如，我们拥有了可以使用工具的双手，视野变得更为开阔，耐力也因为散热的加强而提高了。所以，总体看来，人类的两足进化其实是顺理成章的一件事，没有什么谜团。

　　大约八百万到五百万年前，现代人的人类祖先开始从类似于猿类的生物中分化出来。这条进化线上最早的化石出土于埃塞俄比亚。科学家们在一块四百四十万年前的岩石中发现了拉密达猿人的遗骨。在拉密达猿人之后，又在南非发现由其进化而来的更新纪灵长类动物，名为南方古猿。南方古猿的脑容量较小，从现有的骨骼化石和足迹化石来看，它们已经开始直立行走。1974 年，科学家们在埃塞俄比亚发现一具南方古猿的遗骨。这个被称为露西的雌性南方古猿，身高 3.5 英尺，是所有南方古猿化石中最有名的一具。南方古猿是处于猿类和直立行走人中间的过渡形态，当时它们的速度可能超过了大多数大型食肉动物。即使如此，它们也还需要其他防御措施。南方古猿的耐力在人类随后的进化中得到进一步的加强，这其中除了有躲避猛兽的因素以外，应该还有其他自然选择的因素。

　　南方古猿之所以和树林里的猿类分道扬镳，来到危险的平原上，主要目的可能并不是为了躲避猛兽，而是为了寻找食物。它们甚至还有可能特意为了平原上的猛兽而来。对于那些有能力的食肉动物来说，平原上有着丰富的美味供它们食用。如果能从其他食肉动物（例如猎豹和狮子）那里抢来肉，食物也会有保障。和鬣狗、胡狼、秃鹫抢夺腐食也不失为觅食的一种方法。

有一种合理的假设，南方古猿很有可能和现在的猿类一样，过着群居的生活，所以也不难想象其获取食物的方式。它们结伴出行，找到被猛兽杀死的动物，再用石头和木棍赶走猛兽，将动物的尸体据为己有。想在夜晚抢占猛兽的食物比较困难，而到了中午，猛兽可能会扔下猎物，退到树荫下，或者对食物没有那么强的保护欲，这时抢夺食物会更容易。

聪明的古人类可能很快学会了如何找到动物的尸体。几年前，我在母亲位于缅因州的房子附近扔了一匹死马，用来喂食乌鸦。母亲养的两只狗和乌鸦一起找到了马的尸体。从那以后，这两只狗就热切地关注着乌鸦的动向。平原上的早期人类寻找动物尸体的能力可能不会比母亲的这两只狗差。他们和在天空盘旋的秃鹰一样，也能及时发现新鲜的尸体。

在非洲大草原上，大多数食肉动物需要经常进行捕猎。因为它们只要慢上一步，捕获的猎物就会被食腐动物吃掉，或者很快腐烂变质。每当有猎物被杀死后，食腐动物之间也会展开竞赛，率先到达的是有翅膀的那群家伙。在北边一个完整的生态系统中，也就是黄石公园里，食腐动物的竞赛仍在上演。狼群在杀死猎物后，有翅膀的食腐动物能在一分钟之内到达，只不过这里的食腐动物不是秃鹫，而是乌鸦。雕、熊和郊狼跟随乌鸦的提示，也接踵而至。黄石公园里的狼群杀死一只驼鹿后，七小时之内这只马鹿就能被瓜分得干干净净，最后只剩下骨头。在非洲，有时连骨头都会被土狼吃掉，尸体被吃掉的速度更快。

在坦噶尼喀（现位于坦桑尼亚）的时候，一天早上，我在河床深处看到一头刚死的牛。中午我再来的时候，发现这里已经聚集了一百多只觅食的秃鹫，还有更多的秃鹫正从四面八方向这里涌来。秃鹫也是通过观察同伴的活动来找到尸体。它们盘旋在空中，一旦发现尸体的踪迹，就会争先恐后地赶去，从捕食者那里分得一杯羹。类似的竞争也同样存在于我们的祖先生活的草原上。为了赶在其他竞争对手之前，它们必须行动迅速，即使距离再远，也要争取快速到达，否则等着它们的只有残羹冷炙了。在激烈的竞赛中，人类祖先进化出在高温中移动的能力，而这种能力最终被应用在捕猎当中，人类终于可以自己去获取新鲜的肉了。

尽管最早的南方古猿可能还追不上一只健康的成年羚羊，但提高速度无疑会带来其他很多好处。它们和其他食腐动物赛跑，和自己的同类赛跑。在不断的奔跑中，它们的速度越来越快，也逐渐可以挑战那些速度极快的猎物了，例如小牛、老弱病残的羚羊等。

最终，原始人类的一些习性可能变得没那么重要了，例如以动物尸体为食的习惯，在没有尸体的情况下，他们也无须再去吃腐食。鲜肉成为人类的主食之后，奔跑能力变得愈发重要。到二三百万年前，平原上的两足人类已经进化出类似于现代人的手脚结构。玛莉·利基发现了他们的脚印化石。化石显示，他们走路的姿势也和我们相似。因此有理由推测，在原始人类分化成为几个人种之前，就已经学会了奔跑。在分化出的这些人种中，直立人是最早离开非洲的。

最近，理查德·W. 兰厄姆和他的同事们又提出一个理论。他们认为烹饪的发明促进了南方古猿向早期人类的巨大转变。当时烹饪的食物主要是富有能量的地下块茎。煮熟后的食物更容易被吸收利用，可以为人类提供更多能量，这样人们更有精力去打猎了。如果真是如

　　　　　　　　　　　　　　　　人类为何奔跑

此，那这种烹饪理论和狩猎理论并不冲突，并且还可作为后者的补充。饮食方式的变化（吃熟食、吃肉）有利于减小内脏的体积，提高人体移动的速度和幅度，便于狩猎的发展。

说到这里，一定会有这样的疑惑：人类的祖先为什么不能进化成有超强耐力的捕食者，去追赶那些速度极快的猎物呢？当时这些猎物已经超过了世界上最快的捕食者。要想解答这个疑问，我们有必要观察一下现代猿类的生活方式，以此为参考再来审视我们自身独特的进化情况。

人们通常认为，黑猩猩以水果为食，但它们也会开荤，捕捉猴子、幼年羚羊和其他哺乳动物为食。1995 年，克雷格·斯坦福来到贡贝（位于尼日利亚）研究雄性黑猩猩的群体捕猎行为。他发现黑猩猩的群体捕猎十分有效。在它们的捕猎下，疣猴的数量每年都会减少五分之一。我曾在安博塞利国家公园观察过橄榄狒狒。在半天的时间内，我就看到了它们捕猎的场面。一群狒狒（大约有五十多只）抓住一只野兔后将它撕碎，兴高采烈地吃了起来。真正去追野兔的只有两三只狒狒，但惊慌失措的野兔还是被其他狒狒截住了。

对于黑猩猩和狒狒来说，捕猎只是一种次要的觅食手段，不过它们还是经常会去试试运气。这些灵长类动物并不以肉为主食，也不会花费大量的时间，跨越遥远的距离去捕猎。不过在能捕捉到猎物的情况下，它们还是会吃肉，有时甚至会有组织地进行狩猎。同样地，原始人类的主食也不是肉，但他们也愿意吃肉，并且有能力通过打猎获得肉食。

几百万年前，我们的祖先生活在炎热开阔的非洲平原上。假设他们以肉为主食，为了获得更多的肉类，在进化的过程中，他们的生理结构会发生相应的变化。在特定的环境下，动物会进化出特定的特征和能力。比如，在全世界所有的昆虫中，只有阿帕奇沙漠蝉有流汗反应。这种昆虫吸取植物的汁液获取水分。出汗使得它们即使在一年当中最为炎热的午后也能进行活动。之所以选择这个高温时间，是因为它们此时在地面活动就能避开鸟类天敌。和它们类似的还有撒哈拉沙漠的箭蚁。耐高温的箭蚁也会在高温条件下活动，因为此时它们的天敌（主要是蜥蜴）因为怕热而躲起来。这种场景是不是有些似曾相识？是的，我们的祖先就曾这样做过。正午时分，天气炎热，即使再凶猛的野兽也只能躲起来或者热到无力保护自己的食物，这时原始人就出现了，开始抢夺猛兽的猎物。作为一种十分特别的生物，我们拥有充分的出汗反应，即使是在阳光的直射下，也能在高温中持续奔跑。不仅如此，我们身上的三百万个汗腺不仅可以通过排出水分进行散热，也能将有害的代谢废物例如氨和尿酸（我们吃肉时产生的物质）排出体外。

　　在坦噶尼喀猎鸟之旅中，我也体验了一把原始人狩猎的感觉。我们先在潮湿茂密的森林中待了几个月，那种幽闭阴郁的感觉让我永生难忘。后来我们终于来到开阔的草原，望着远处稀疏的金合欢树，我的心情顿时愉悦了起来。在草原上，抓鸟变成一项十分艰巨的任务。为了抓到哪怕是一只小鸟，我都得走上很远。每天，我都在草原上游荡半天，之后返回营地。母亲负责在营地为我们做饭、处理当天的标本。因为怕麻烦，我从来都不带水。虽然不缺水，但由于天气炎热，还是会经常放缓速度或者停下来休息。虽然草原上的炎热为在白天的寻鸟之旅带来了障碍，但我并没有止步不前，因为流汗的缘故，即使在高温天气下我也能自由活动。

　　动物在体力不支、被迫前行的情况下，或者在非洲草原灼热的阳光下活动时，体内都会产生大量热量。体内过热是影响耐力最重要的因素之一。在非洲生活的那段时间，我对此有了深刻的体验。我也用天蛾做过相关的实验。当它们体内代谢热量的机制被破坏时，即使在室温环境下，它们的飞行也只能持续两分钟左右。与此类似的是，即使不去破坏它们的散热系统，野兔、袋鼠和猎豹在开阔的地段也只能跑上几分钟。所以我们可以得出合理的推测：我们的祖先在自然选择的压力下，不仅进化出通过流汗散热的机制，还能减少来自于太阳的热量输入，这样就能在最有利的时机外出活动。

野兔

　　不同的动物进化出不同的方法以减少太阳的辐射。在新几内亚（靠近赤道的中非国家），我发现蝴蝶在阳光下暴晒时，如果不能使用翅膀遮阴，那么一分钟之内它们的体温就会升高到足以致命的温度。

直立体态（以及随后的双足运动模式）让我们提前适应了热带的日照环境，在减少直接照射的同时，也增加了皮肤与流动空气的接触面，有利于散热。不过这样一来，我们的头部也就变成太阳直射的重灾区，而且大脑内的新陈代谢本身就会产生大量的热量，大脑对于温度也极为敏感。所以尽管两足行走的形式减少了总体的热量输入，同时也加剧了局部受热，有可能会伤害到对热量最为敏感的身体部位。

在进化的过程中，人类找到了解决这个问题的方案。人类的大脑中存在着一个特殊的血管网络，起到散热器的作用，可以将多余的热量排出体外。从原始人类的头骨化石中，我们也能看到类似血管存在的痕迹，这表明南方古猿已经进化出相同的脑内循环系统。那些无法避免大脑过热的个体，在自然选择的压力下渐渐从进化的长河中消失。

昆虫也进化出了类似的方案。对蜜蜂头部进行加热，它们不仅能通过回流体液进行散热，还能将更多的血液送入脑部，将热量带走。和其他位于强光照下的动物一样，赤道平原上的直立人也进化出了保护大脑的隔热屏障。沙漠地松鼠会用它们毛茸茸的尾巴为自己遮阴，沙漠甲虫则利用翅膀阻挡阳光，骆驼有驼峰和浓密的背毛，而我们的祖先也进化出独特的防护措施：浓密的头发。当时他们的头发不仅盖住了脑袋，还能盖住肩膀，全方位抵御太阳的辐射。头发出现的原因之一可能就是为了隔热，这个功能到现在仍然存在，不过后来头发也进化成性别的标志。除此以外，在直立人离开非洲后，头发又具有保温的功能。大约六万年前，直立人一路北上，来到北部猛犸象生活的平原，他们的饮食中出现了更多的肉类。可能就在这时，他们学会了投掷长矛和制作衣服。

赤身裸体再加上异乎寻常发达的汗腺，原始人类的这两项特征都有利于散热，使人类在内外部高温的情况下能继续奔跑。通过出汗，我们能忍受体内新陈代谢和外部环境带来的热量，但这种忍耐力也要付出相应的代价，那就是消耗水分。天气凉爽的时候，马拉松选手在连续跑上 60 英里之后，通过流汗的方式可能丢失约 20 磅的水分。没有出汗的话，他们的奔跑速度和距离就会大大减小。为了能减少水的消耗，很多生活在旱地的动物牺牲了耐力，这是它们对缺水环境高度适应的表现。人类的祖先来自非洲草原，在这种干燥的环境下，还进化出了如此费水的出汗反应，这只能说明出汗反应能带来极大的好处。拥有了排汗系统，我们能够延长在高温下活动的时长，这可能是出汗反应所带来的最大好处。出汗反应并不能帮助我们追上猎物，因为追逐猎物需要的是短期内的冲刺，此时体内堆积的热量和乳酸还是可以忍受的。流汗最能发挥作用的就是人们在高温下持续奔跑的时候，这时大部分猛兽都会因为炎热而躲藏起来。

　　耐力是祖先给我们留下的宝贵财富，但由于生活方式的改变，现在在西方社会，这个特性已经被掩盖了起来。南非的科伊桑语族人（霍屯督人和布须曼人）是举世闻名的优秀猎手。在高温下，他们甚至能追上石羚、好望角大羚羊、牛羚和斑马这样敏捷的猎物。墨西哥北部的塔拉乌马拉人在狩猎时，会追着鹿一直跑，直到鹿精疲力竭，再徒手将它们闷死。据说，派尤特族印第安人和纳瓦霍族印第安人也曾这样追过叉角羚。澳大利亚原住民在狩猎时，也会对袋鼠穷追不舍，将它们逼到中暑衰竭为止。

　　每个捕食者都会充分发挥自己的强项，瞄准猎物的弱点展开攻击。

大多数捕食者采用的是突袭和短时间追逐相结合的策略，或者对猎物中的老弱病残下手。猎物自然也有应对之策，它们会通过冲刺来逃跑。因为捕食者追逐的时间通常不会持续很长，只要速度够快，猎物们都能逃之夭夭，所以被追逐的猎物通常都会拼命冲刺，摆脱追击。这正是人类狩猎者可以利用的地方。就像我的朋友巴瑞·托尔肯说过的那几个小故事一样，被追的鹿只会拼命逃跑，根本不会考虑自己到底能跑多久。最终，这种颇费体力的冲刺会让它们付出沉重的代价。如果捕食者没有因为猎物开始的冲刺知难而退，而是锲而不舍地进行追逐，那么很快地，猎物的体内就会堆积大量热量和乳酸，最终将无法继续前行。有远见的人类不会被鹿的速度所吓倒，而是充分利用它们的这个弱点，获得打猎的大丰收。

众所周知，动物的进化过程就是它们在生理形态和动作行为上达到和谐统一、最终使自身适应外界环境的过程。在非洲，你可以通过翅膀的形状识别出哪些鸟是本地居民，哪些鸟是来自欧洲的候鸟。从欧洲飞来的候鸟翅膀更长，也更窄，显示出它们拥有更强的耐力，可以进行一年两次的长途迁徙。猫头鹰的眼睛和耳朵可用来探测老鼠，这样便于它们在夜间进行狩猎。夜里，它们坐在树上监视地面的情况，一旦发现猎物就会猛冲下来用爪子将其擒住。翠鸟长着细长尖锐的喙，这种结构有利于抓鱼。它们以鱼为食，也进化出了消化鱼的生理结构：它们最独特也最重要的行为就是能瞄准水下移动的物体，一头扎进水中。我们的行为和心理也与我们的生理结构相对应，这是人类在进化的过程中对环境适应的结果。

早期人类群体狩猎应该很灵活，就像现在的非洲野狗和狼一样。

为了杀死斑马和野牛，野狗和狼需要掌握特殊的技能。通过学习，这些技能又会传给下一代。学习得越多，差异性就越大，因此我们很难得出确切的结论。

我们人类的行为比大多数动物都要灵活得多。现在我们已经可以通过各种方式来获得食物，这样就会掩盖我们内心真实的倾向。不论是在工厂的流水线工作还是在银行做职员，可能都不是因为喜欢才去的。我们可能永远也不知道最适合自己的事情是什么，因为失去了寻找的机会，最终只能在社会中随波逐流。我曾有过探寻自我的机会，就是在野外打猎的经历。当然我不再用猎枪打鸟，但每当回望过去，仍然惊叹于自己当初那份赤诚的热情，以及鸟类学家在世纪之交发现新鸟类时的兴奋。

我成长于缅因州，猎鹿对我来说是家常便饭。在我眼里，世界上没有比这更美妙的事情了。即使现在，每年秋天我仍然会参加缅因州的猎鹿行动。我想让自己餐桌上的肉来源于那些有能力逃跑的野生动物，而不是养在笼子里等待宰杀的家畜。当然，除了有道德上的考虑之外，我打猎的原因还来源于纯粹的兴趣。我会在森林里徘徊数日，寻找野兽们留下的蛛丝马迹。每一个脚印、每一段足迹都令我兴奋不已。不过大多数情况下，都是空手而归。每年秋天，我都希望能有个大丰收，但幸运女神似乎并不总垂青我。既然成功的几率如此渺茫，那为什么还有很多和我一样的人对此乐此不疲呢？最近我去了一趟黄石公园，在那里找到了答案。那里的很多动物都已经被驯化了，马鹿、野牛、加拿大盘羊和北美黑尾鹿，这些美丽的动物就在我的附近游荡，但我却没有一丝想要狩猎的意愿（即使公园里允许打猎），甚至还非常排斥这种想法。因为仅仅向动物开枪的这种行为根本就算不上打猎。

打猎的动机并非杀戮，也不是为了战利品。打猎的快感来源于待在森林里的感觉、时刻绷紧的神经和追逐猎物的乐趣。缅因州森林里的白尾鹿就是一种很好的猎物。它们对气味、声音和视觉都十分警觉，是一种害羞、敏捷而又机灵的动物。

这样看来，吸引我们打猎的因素可能就不适用于其他强大的捕食者了，因为它们通常都没法追逐很长一段时间。不论是猎豹还是豺狼，它们不会选择难缠的对手，而是会盯着最容易得手的猎物。所以它们会精心选择狩猎的目标——老弱病残，当然最好还是已经死亡的猎物。

和其他猛兽相比，我们则采取了不同的狩猎方式。大多数猎物冲刺的速度都比我们快，所以在几百万年的进化中，我们变成了耐力型猎手。只有锲而不舍地追下去，才能得到食物。即使是一只年老体衰的鹿，人们可能也要追上很久。人类的狩猎需要策略、智慧和耐心。那些不能在长跑中坚持下来的原始人很少能狩猎成功，他们能生存下来的几率就会减小，能留下的后代也少了很多。

原始人的狩猎方式需要远见，这也是我们胜过其他捕食者的地方。在狩猎中，即使猎物已经跑出我们的视线范围，但我们仍能在脑海中想象出它们的样子，激励自己继续前行。让人类成为优秀猎手的不仅仅是汗腺，还有这种远见带来的激情。我们对于追逐的热情就像候鸟想要飞越千山万水的决心，仿佛受到了梦想的驱动。

短暂的突袭狩猎不需要梦想，而对于耐力型狩猎却是必需的。梦想就像灯塔一样，指引着我们走向猎物、走向未来、走向一场马拉松。我们能想象到远方，即使猎物已经逃进山里，消失在迷雾中，我们仍然能在想象力的帮助下找到它。它就在我们的脑海中，仍然是一个清晰的目标。这是我们奔向未来的动力，不论是杀死一只猛犸象或羚羊，还是写一本书或者在比赛中破纪录。在其他条件都相同的情况下，那些最热爱自然的猎人们才能发现其中的所有乐趣，他们在野外的长途跋涉探险中获得了快乐，当痛苦和疲倦来袭的时候，也不会停止脚步，因为梦想会将他们带往远方。这些猎人就是我们的祖先。

有时我会想，这种远见（可能还有探索的热情）会不会就是促使大脑进化出推断能力（推断能力是我们人类大脑所独有的能力）的动力呢？人类独特的智慧到底是如何产生的呢？当前主流的看法认为，人类的智慧来源于社会层面的欺骗行为。虽然听上去有些不可思议，但欺骗确实可以提高大脑的视觉化能力，而且社交行为中存在的各种行为如追踪某人、交易、归还物品等，都有可能出现欺骗。除此以外，动物大脑的容量和种群的数量相匹配，这一点也支持了智力的社会起源说。和当时其他动物比起来，直立人部落的人数会很多吗？显然不太可能，这些原始人类以狩猎为生，所以他们可能无法大规模聚集起来。他们的大脑容量已经和现代人十分相似了。还有一种假说认为性选择是驱动打猎行为的主要动力，这种说法同样也适用于其他物种。到底哪种说法是对的呢？我并不认为这里有唯一的答案，在进化的历程中，各种因素可能会协同作用。不过我会简要地介绍一下第二种假说。

我们能追上某些速度最快的有蹄类动物，而这些动物可以摆脱速度最快的捕食者。这个事实显示，为了完成狩猎这项任务，我们实际上经过了高度的进化，不论是心理还是生理上。但这其中还存在着性别的差异。有趣的是，在所有已知的人类文明（以及狒狒和黑猩猩）中，狩猎行为以男性为主。性别差异在动物中也很常见。比如说，在有些种类的鹰中，雌性比雄性体形更大，因此它们能抓住更大的猎物，而雄性只能瞄准小型猎物。所以，性别的不同会形成哺育后代的分工，减少巢穴附近的食物消耗。

对于女性原始人类来说，要想在怀孕或者照顾婴儿时去追踪大型动物，实在是太困难了，甚至比现代雌性猿类还要难。为了增加散热，原始人褪去身体表面的毛发，所以幼儿就没有可抓的地方，只能由母亲抱着或背着。通过共享食物，这种男女搭配的共生组合就形成了。成年男性外出打猎，女性则负责选择配偶和哺育后代。不过女性是如何选择配偶的呢？

带着孩子的女性显然没法参加艰苦的打猎行动，所以她们需要得到男性的帮助，才能让自己和自己的家庭生存下来。狩猎到一头大型动物时，猎人自己一下也吃不完，那剩余的肉该怎么处理呢？这时猎人就会把肉带回家，分给自己的盟友。他们还会拿肉来换取和女性原始人交配的机会。吃在一起可能就意味着睡在一起（食物和交配产生了关联），这是原始人的传统。时至今日，黑猩猩和狒狒还经常会用食物来换取交配权。在贡贝研究黑猩猩狩猎行为的克雷格·斯坦福表示："对于黑猩猩来说，肉不仅是一种补充营养的食物。它们会将肉分享给自己的同盟而不是敌人。因此，肉就成为了一种社交、政治，甚至是生殖的手段。"与此类似的是，在南美洲的阿谢族中，女性更喜欢勇猛的猎手，那些能为她们带来更多肉的男人。类似的这种资源和繁殖之间的关系在大多数种群中都会存在。在这样的社会当中，对于带着孩子的女性来说，生殖的限制因素是食物，而男性要考虑的就是如何获得更多的交配权。

对于布须曼人来说，肉只占他们饮食中很小的一部分，但却是最受欢迎的一种食物。女性承担了大部分的食物采集工作，为部落提供浆果、鳞茎、树叶和树根等食物；男性出去狩猎，但很多情况下都会空手而归。不过，狩猎仍被视作是一项十分重要的活动。男孩子只有在杀死一头大羚羊后，他的父亲才会为他举办首杀仪式，作为长大成人的象征。一个没有成功进行过狩猎的男性布须曼人永远都会被视为孩子，而且也不能结婚。如果他没法为自己的家庭和岳父母带去肉和兽皮，那就别想娶到老婆。布须曼人青少年时就开始打猎，一直持续到老得走不动为止。通常他们每天要步行30千米的距离，两手空空地回到家，第二天早上再出发，他们的决心和毅力（当然可能还有老婆的唠叨）支撑其不断前行。为了轻装上阵，布须曼猎人在狩猎时不会带水和食物。他们能追着一只受伤的长颈鹿跑上五天，而这显然是照顾孩子的女性无法做到的。虽然现在听上去可能有些歧视的意味，但男女分工确实有着悠久的传统和生理上的依据。不论在不同人群之间，还是在不同性别之间，分工其实没什么不好的地方。女性为男性准备食物，男性可以专注于狩猎。很多大型猎物速度极快，需要男性锲而不舍地进行追捕。

男性打猎的行为推动了人类的进化历程。我们需要将这一观点与其他说法和某些假设和误解区分开来，因为这种说法既没有诋毁女性，也没有看轻她们的意思。这里可以将男性解读为人类，就会减少一些误解。Y染色体不太可能单独扛起人类进化的大旗。男性和女性不同的行为倾向（至少从养育孩子的角度来说）其实是合作和妥协的结果。

如果男性的职责是打猎，那这也是女性允许或者选择他们去做的结果。男性的打猎行为离不开女性的支持和选择。女性也必须做出明智的选择，因为仅从外表是无法判断谁会是优秀的猎手。

在动物世界中，性选择经常会带来一些激烈的竞争场景，例如孔雀开屏、鸟类鸣叫、狒狒露出自己红肿的屁股等。我会在后面详细探讨这类问题。假如打猎也是性选择的结果，而不是满足能量需求的一种手段，那就会产生很多影响，因为当能量不再成为打猎的首要限制因素时，就几乎不会有其他的限制因素了。假如猎人带回来的兔子能提高他的性吸引能力，要是把兔子换成猛犸象或者假设他有捕猎猛犸象的能力呢？女性应该很容易做出选择吧？

通过提供蛋白质来获得交配权是很多雄性鸟类、蜘蛛和昆虫都会采取的策略，尤其是在蚊蝎蛉、螽斯、蟋蟀、蟑螂和某些甲虫的身上，这种现象更为明显。昆虫送给新娘的新婚礼物可能是猎物。在没有猎物的情况下，也可能是自身分泌的蛋白质。对某些螳螂和蜘蛛来说，这份礼物可能是新郎自身的血肉。

雄性螳螂的求偶过程非常悲壮。为了交配，它们通常会献上终极的礼物：它们自己，心甘情愿地被配偶吃掉。这样做的好处可能不仅是为雌性提供产卵所需的营养，还能延长交配时间。雌性螳螂首先会吃掉雄性螳螂的头。有头的雄性螳螂交配时间仅能维持四小时，但被吃掉头后它们的交配则能维持二十四小时。梅迪安妮·安德雷德在研究澳大利亚红背蜘蛛时发现，被吃掉头部不但可以延长交配时间，还能增大受精量。对于红背蜘蛛来说，用自己的身躯喂饱雌性，还可以避免雌性蜘蛛再去和别的雄性交配，因为酒足饭饱后的雌性一般不

　　　　　　　　　　　　　　　　　　　　　　人类为何奔跑

会再搭理其他追求者。这样，死去的雄性蜘蛛就取得了受精的优先权。讽刺的是，雄性蜘蛛为了交配而死，它们这种自杀式的行为也传递了下去，因为这种行为提高了它们对环境的适应能力。

有了这些极端的例子，我们才得以发现隐藏在体内的某些机制。为了繁衍后代，所有动物都必须付出代价。我个人最喜欢的一个例子就是舞虻，因为它们的行为在某种程度上就是人类的缩影，向我们揭示进化的历程。舞虻生活在欧洲和北美洲，是一种捕食其他苍蝇的蝇类。舞虻的名字来源于它们的舞姿。舞虻聚集起来的时候会上下飞舞，有的还会划出独特的线条。雌性舞虻则会根据雄性的舞姿和礼物来选择伴侣。

为了能得到雌性的垂青，雄性舞虻必须要抱着礼物（其他苍蝇的尸体）盘旋起舞。雌性观察雄性的表演，选择最为中意的与其交配。新婚夫妇随后会落到地面，雄性将精液注入雌性体内，雌性则开始吃起雄性送来的礼物。

对某些种类的舞虻来说，一个小小的苍蝇尸体就能成为吸引雌性的诱饵。在进化的过程中，还有一些舞虻学会了包装礼物的技能。它们的前腿分泌出物质，编织出一张精巧闪亮的小网，用这张网将要献给雌性的礼物包装起来。这种经过包装的礼物比那些没有包装的礼物更受雌性欢迎，因为它们看上去更大更醒目。

接下来雄性的行为就显得十分无耻了。有些雄性会在跳舞时抱着一个又大又醒目的包裹，但里面其实只有一只小到塞牙缝都不够的苍蝇（抱着更轻的重量，雄性就更容易翩翩起舞）或者一些不能吃的碎片，甚至什么都没有。比如说货郎舞虻（*Empis politea*）这种舞虻就会抱着一个卵状的白色袋子，里面可能连一只小苍蝇都没有。雌性根本不会理会那些抱着苍蝇的雄性，而是直奔华丽却空荡荡的大包裹。

裁缝喜舞虻（*Hilara sartar*）和大附喜舞虻（*H. granditarsis*）这几种舞虻还学会了终极大骗局。它们在跳舞时都会抱着一个白色华丽的球状物，但里面什么东西都没有。如果有哪只傻乎乎的雄性在袋子里放了礼物，那它一定比不过那些轻装上阵的对手。它们只有在夜间的温度环境下才会抱着重物起舞，因为那时它们的肌肉才能达到需要的输出功率。

舞虻的例子以及人类学家举出的人类的例子说明，礼物的营养价值其实并没有那么重要，重要的是包装和展示。从某种程度上，人类也是如此。不过人类和舞虻之间有一点不同的是，人类中的猎人没法作弊。在原始人类的生活中，男性必须要能带回真正的肉或者展示出相应的能力才行，花架子是没用的。对于原始人来说，肉是一种极其重要且必需的珍贵资源。

就像舞虻所展示出的，有时我们可以根据外表去判断某人的能力或者活力，但更为可靠的标准则是他的表现，不论在打猎中还是在有代表性的展示中。人类舞蹈的起源是否也和运动项目一样，是展现能力的代表活动呢？

跑步就是不断地追逐。抵达马拉松的终点，创下纪录，有了重大的科学发现，创作出一幅杰作等，这些在我看来都是追逐的表现形式，是我们作为耐力捕食者必须展现出来以供评判的素质。当五万名运动员站在马拉松比赛的起跑线上时，当 20 多个学生准备开始一场越野赛跑的时候，他们即将参与的其实是一场典型的公开狩猎。每个人都想获得首杀，或者至少参与其中。

对于大多数人来说，真正的打猎早已成为过去时。最近（从地质学角度来看），我们彻底消灭了一些最为奇妙的生物。自人类进化为优秀的猎人之时，这些生物就已经生活在这个星球上。我们的祖先还曾经在美洲、澳大利亚和马达加斯加等地和它们有过接触。从那时起，我们的心理、生理和技术不断发展，最终成为杰出的猎手，可以捕捉到更多的猎物。与之相对的是那些在非洲（我们的家园）的动物，我们的新猎物却没能及时进化出应对我们的措施。人类独特的狩猎技能是生理、心理和智力的结合体，当然最终还加上了武器。面对如此强大的狩猎技能，几乎所有动物都无力对抗。

幸运的是，我们现在已经有对环境更为友好的"狩猎行为"。人们可以去追逐自己的同伴，而不是猛犸象和乳齿象；可以成为赛道上的勇士，去赢取一场又一场的胜利。我们的梦想不再是通过猎杀动物来证明自己的勇猛，毕竟已经不需要用猎物的肉来补充营养，但我们仍然拥有梦想上的激励，这种激励可以是取得比赛上的胜利、创下的纪录，也可以是完成其他长期以来的目标，它能为我们提供前进的动力。奥运会是全球瞩目的狩猎盛宴，即使我们不能参与其中，也可以作为观众，为那些代表我们的运动员们欢呼喝彩。运动员们并非特殊的存在，他们是我们中真实的一员。经过了数百万年的进化，我们过去是，现在也仍然是相互依赖的共同体。不过，现在和过去还有一个显著的差别：追捕猎物总会有结束的时候，但我们的比赛却永无止境——更高、更快、更强。哪里会是尽头？哪些又会是限制？

第十四章　像猫狗一样跑步

　　猎豹和狼分别代表着两种截然不同的狩猎方式。狩猎时，两者都会奔跑，但它们处在不同的环境中，采取不同的奔跑方式。猫科动物大多数情况下都是独自出击，它们的成功主要来源于耐心的等待。通常它们会悄悄地靠近猎物，或者潜伏起来，等猎物靠近，当和猎物的距离足够近，它们就会以迅雷不及掩耳之势冲出去，发起攻击。犬科动物则恰恰相反，它们经常会结伴狩猎，对最容易得手的目标展开追逐。犬科动物会精心选择猎物，一旦确定目标后，会追上较长一段时间。两种动物的肌肉类型和它们各自的心理倾向相吻合。在猫科动物的肌肉中，快肌纤维占主导地位。快肌纤维中发生的是糖的糖酵解作用，即在无氧的条件下，葡萄糖进行分解，形成乳酸并提供能量，短时间内释放大量能量。犬科动物则拥有更多的慢肌纤维。慢肌纤维中发生的是利用脂肪进行的有氧代谢。对于人类来说，两种纤维在耐力比赛中都会发挥作用。在优秀的短跑选手体内，慢肌纤维约占 26%，而在优秀的长跑选手体内，慢肌纤维则占 79%~90%。不过肌肉纤维的生理机能也不是完全固定的，通过训练也可以发生改变。比如，在耐力训练中，快肌纤维产生的乳酸堆积量会更少，因为积累的乳酸能

猫

得到更快的清理。

　　不过，不同物种间的行为还是会存在差异。举例来说，美洲狮主要依靠潜伏和突袭，它追一头鹿可能仅持续几秒。而非洲平原上的猎豹在追逐羚羊时，则被迫要追上一分钟或者更长时间，直到追上或者力竭。狮子的速度没那么快，它们经常会成群结队地进行狩猎。不过即使经过了几个世纪的驯化之后，犬科动物和猫科动物的行为差异还是会体现在家养宠物的身上。家猫很少会跟着自己的主人去树林里抓兔子，但狗则非常热衷和自己的同伴（也就是我们）一起外出打猎。

　　狗即使在不饿的时候，也会奔跑。它们从追逐这种行为中能获得乐趣，所以很乐意去捡回类似于猎物的东西，比如木棍和飞盘。狗从这些活动（以及和主人一起奔跑）中获得的乐趣部分来源于同伴。如果木棍不是被别人扔出去的，那狗还会充满热情地去追逐吗？同样地，如果没有同伴的激励，人类跑步选手又怎会奋勇向前？没有他人的参与，跑到终点的计时不过就是一堆毫无意义的数字。猫就不一样，它们不会受到同伴的激励。无论你怎么努力，猫都不会乖乖地待在轨道上，和同伴赛跑。当然，它们也无法像狗一样能跑很远。

狗是狼的后代。时至今日，它们还能与狼交配产生后代，因此从本质上来说，它们还是狼。不过，当你看到一只在市中心散步的贵妇犬时，很难想象它和狼有着亲缘关系。眼前的这只小狗有着柔顺的毛发，脖子上系着狗绳，还会在主人的怀里撒娇，而狼则成群结队地出去捕猎，追上一头驼鹿，将它杀死后吃掉。不过，就和其他宠物犬一样，虽然经过了漫长时间的驯化，这只贵妇犬的体内仍然流淌着狼的血液。对狼群的忠诚转化成对主人的忠诚，每天散步的时候，它也会扯着狗绳向前冲，仍然喜欢吃肉，这都是狼性的体现。

阿拉斯加的艾迪塔罗德雪橇犬比赛是全世界最顶级的耐力赛跑。有人或许会认为具有野性的狼是这种比赛的最佳选手，但事实并非如此。和参加比赛的哈士奇犬相比，狼的耐力还远远不够。在参赛犬种的选择上，人们曾做过很多试验。艾迪塔罗德雪橇犬赛冠军约翰尼·艾伦就曾带领自己的混合队伍称霸一时。他的队伍中有哈士奇犬、狼和爱尔兰长毛猎犬。所以不论怎样，狗就是狗，奔跑是它们的本能。不过在艾迪塔罗德雪橇犬比赛中，人类选手也必须成为队伍中的一员，和他的雪橇犬们心意相通。

艾迪塔罗德大赛中的雪橇犬要有极好的胃口、宽阔的胸腔以及强健的心血管系统（很多狼和狗都有）。不过这些都不是赢得比赛的决定性因素。要想成为艾迪塔罗德大赛中的雪橇犬，最重要的品质就是

犬

对奔跑的渴望。参赛的雪橇犬都有着一股冲劲，这股力量驱使着它们不断向前。虽然也有遗传的因素在里面，但不论从生理方面还是心理智力方面，参赛犬和非参赛犬之间并没有明显的区别。在适合的环境下，很多品种的犬都能通过训练达到参加比赛的要求。不过，再怎么训练，你都不可能让一只猫去参加雪橇赛。

我觉得自己也有成为雪橇犬的潜质，因为我的特点之一就是能吃。高中的毕业纪念册上还写着：本喜欢跑步和吃东西。当时，我跑步去上学；现在早上上班也会从停车场跑到办公室。我就是不喜欢走路，跑起来的感觉真棒，还能节约时间。

哪种生理上的因素影响到我们的跑步速度或耐力呢？这个问题确实不好回答，因为其中有太多变量，一些想法可能立即就会被事实驳回。每当我觉得自己不够高，所以跑不快的时候（我的偶像很高），总会发现一个跑得更快的矮个子选手。每当我觉得瘦子才能跑得快的时候，又会发现一个肌肉发达的优秀选手。

上大学的时候，我一直觉得，只有来自北欧的白人（最好是斯堪的纳维亚或者爱尔兰）才能成为世界一流的长跑选手。北欧选手曾经是长跑赛事中的霸主，"飞翔的芬兰人"帕沃·鲁米和捷克人埃米尔·扎托佩克就是他们中传奇一般的存在。不过一批极有潜力的英国和澳大利亚选手也开始在中距离的赛道上崭露头角。长跑比赛中很少能看到黑人的身影，但与之相对的是，短跑比赛中却涌现出大量优秀的黑人运动员。我们一直认为，短跑选手是天生的，中长距离选手则是训练出来的。这些看法几乎已经成为既定事实，类似的看法还有很多。黑人拥有与生俱来的爆发力，他们缺乏长跑所需要的耐力，因此只适合爆发性的比赛。讽刺的是，后来这些说法又发生了180度的大转弯，变成只有来自肯尼亚、坦桑尼亚、埃塞俄比亚这些非洲国家的选手才能成为世界级的长跑选手。1960年的罗马奥运会上，埃塞俄比亚的阿贝比·比基拉光着脚参加马拉松，并获得冠军。不过真正的大冷门出现于1968年的墨西哥城奥运会。来自非洲国家肯尼亚的基普乔格·凯诺居然战胜了称霸中长跑赛道的美国选手吉姆·赖恩，这着实让人大吃一惊。

凯诺的夺冠是肯尼亚在墨西哥城奥运会跑步比赛中取得的最辉煌的胜利。除了凯诺以外，还有十一名选手也在径赛项目中获得奖牌。从那以后，肯尼亚开始称霸中长跑赛道，在径赛项目中刮起一场黑色旋风。从800米到马拉松，他们所向披靡。在1999年的男子奥运会马拉松比赛中，有240位选手达到了优秀水平，其中76位来自肯尼亚。（在本书英文版出版之际，悉尼奥运会马拉松比赛战况如下：埃塞俄比亚选手取得了冠军和季军，肯尼亚选手获得亚军。）现在来自非洲的优秀选手如雨后春笋般地出现在世人面前，飞翔的荷兰人和他北欧的同胞们早已是明日黄花。经过计算，我发现他们和现在非洲选手们的差距不是一两米，而是好几千米！黑人缺乏耐力的这种说法显然已经经不起事实的验证。于是现在又有了一种新说法：非洲的高平原环境能筛选出最快、最强壮的动物和人。强健的体魄已经被写在非洲人的基因里，因此他们能在各项赛事中所向披靡。

还有一种解释，认为非洲人的成功和海拔有关。墨西哥城海拔7300英尺（2225米），肯尼亚人也生活在相同的高海拔地区。海拔高的地区空气稀薄，氧气含量相对较低。对于大多数不适应高海拔地区生活的人来说，在距离地面5000英尺以上的地方，每升高1000英尺，最大摄氧量会降低3.2%。针对肯尼亚选手在墨西哥城奥运会赛跑项目上的大胜，有人认为这和他们的生活环境有关。肯尼亚人常年生活在海拔1英里（1609米）以上的地区，他们的呼吸系统已经适应了高海拔的环境，所以当比赛在高海拔地区进行的时候，他们就占据了优势。长时间待在高海拔地区，身体也会逐渐调整，将最大摄氧量又提高到原有水平。不过，在高海拔地区的训练并不能提高运动员在海平面运动的表现，但肯尼亚选手在海平面地区比赛时，仍然有优秀的表现，所以海拔环境这种说法也站不住脚。

最近，约翰·贝尔和乔·桑在他们合著的一本书中指出，肯尼亚选手的跑步能力其实来源于文化。他们发现，大部分优秀的肯尼亚选手都来自同一个地区。肯尼亚有很多盛产优秀运动员的地区，但人均获奖最多的当属卡伦津地区——再具体些——卡伦津地区的南迪部落。在所有非洲人中间，难道只有南迪部落的人成为了上帝的宠儿，天生就具有跑步的才能吗？这有点不合常理，所以肯定还有别的原因。从德克·伯格·斯格索搜集整理的数据中，我们发现，和肯尼亚其他部落不同的是，南迪部落有着最为强烈的成就价值取向。南迪部落的人通常以一种安静严肃的苦行僧形象示人。卡普萨贝特学校的一个校长甚至说过"南迪人太独立了，他们很难组成一支好的足球或者曲棍球队伍，但凭借着天生的直觉，他们也不会输得太惨"。

南迪人的传统来自于他们的"运动项目"猎牛文化。在这样的传统中，运动能力受到人们的推崇。基普乔格·凯诺凭借自己的运动才能登上了世界运动的舞台。一夜之间，他就成为部落里人们的偶像，跑步也成为镇上唯一的娱乐。在他们之前，贫穷的爱尔兰人和斯堪的纳维亚人也曾这样做过，而且从某种角度来看，和当时我们在友谊中学一样。跑步可能是最基础的，同时也是最省钱的一项运动。因此就成为了受众最广、竞争最为激烈的一项运动，所有人都能参与其中。即使你出身贫穷，也能凭借着自己的表现脱颖而出。跑步是属于全世界每个人的运动。

跑步、投掷、跳远以及径赛所有项目中的动作都是打猎和作战时会用到的肢体动作。在人类的发展史中，这些动作逐渐被融入到游戏、舞蹈和仪式中，再往后发展，就是比赛了。对于南迪人来说，跑步已经取代了先前那些需要独立、勇气、纪律、努力以及忍耐才能完成的活动。过去，每个南迪人都想成为"邦格通"（barngétung）。能用长矛射杀一头狮子的部落成员才有资格获得"邦格通"这个称号。与之类似的是狩猎。为了成功捕获猎物，他们会在炎热干旱的环境下追踪猎物数日。没有充沛的体力、坚韧不拔和不畏牺牲的精神，猎人们就不可能完成这项激动人心的运动（当然，这项运动也会给他们带来食物）。后来，跑步就变成搏斗和捕猎的备用选项，因为奔跑在捕猎大型动物时发挥着重要作用。

　　与此类似的还有马拉松比赛。马拉松原为希腊的一个地名，全长 26 英里 385 码 [①]（42.195 公里），这个比赛项目的起源要从公元前 490 年发生的一场战役讲起。希腊人在这场关键战役中打败了波斯人，最终获得反侵略的胜利。传说中，为了让故乡人民尽快知道胜利的喜讯，统帅米勒狄派一个叫费迪皮迪兹的士兵回去报信。

　　费迪皮迪兹是个有名的"飞毛腿"。他从马拉松出发，为了让故乡人早知道好消息，他一个劲地快跑。当他跑到雅典时，已上气不接下气，激动地喊道"欢……呼吧，雅典人，我们……胜利了"，说完就倒在地上死了。

　　为了纪念这一事件，在 1896 年举行的现代第一届奥林匹克运动会设立了马拉松赛跑这个项目，把当年费迪皮迪兹送信跑的里程——26 英里 385 码（42.195 公里）作为比赛的距离。

　　基普乔格·凯诺成为了南迪人心目中英雄和男子汉的象征。就像费迪皮迪兹为希腊和后来的西方文明所做的一样，他也像费迪皮迪兹一样，返回家乡，向大家骄傲地宣布南迪人已经达到和能够达到的高度。当时，南迪人空有一身本领，却几乎无用武之地，他们擅长的猎狮、捕牛和作战都已经被法律所禁止。现在他们的传统终于能派上用场，并为他们带来了荣誉。

　　15 岁的时候，基普乔格·凯诺跑 1 英里（1.6 千米）只用了 5 分 56 秒。作为一名国家队队员，他十分刻苦努力，并且愿意尝试所有最新的训

---

① 　1 码 = 0.91 米。

练方法。后来，肯尼亚政府将优秀人才都招募到特定的高中里，在那里他们会参加训练和比赛。政府选拔培育人才的计划对于肯尼亚的跑步事业起到了重要作用。

每位登上世界舞台的优秀肯尼亚运动员都是直接或者间接从国内选拔出来的。奥运会成绩和国民的平均水平无关，真正重要的是他们中能涌现出一批有潜力的人。不过如果在给定数量的元首瓦图西人（或者马塞人）和波士顿人中挑选的话，前者中可能会涌现出更多的篮球新星，但这并不能说明冠军到底会来自哪方。大多数东非女性都能头顶重物前行，似乎她们天生就擅长做这类事。确实，这和基因有关，但没有人可以断言，从遗传基因的角度来说欧洲女性就做不来这样的事。她们只是没有从小成长在这样的文化中，没有接触过也没有练习过这样的技巧。所以这样看来，跑步和顶重物又有什么区别呢？在这样一种只有极少部分人能取得成功的运动中，天赋是远远不够的。

约翰·贝尔和乔·桑这样总结道："在田径运动中，想要在规范化的体育赛事中取得成就，真正重要的是文化而不是生理结构，是态度而不是海拔，是培育而不是本性。"汤姆·戴德利安曾写过一本关于波士顿马拉松比赛的书，他也赞同这种看法。

天赋是一个虚构的概念，它只会出现在幻想之中。我们应当彻底打破这种幻想，因为这会给人们造成一种错觉，认为运动员是凭着基因而不是自己的努力成功的。这对优秀运动员来说是一种侮辱。运动员们选择了在比赛中奋勇拼搏。这种渴望成功的意志、社会的支持、个人的知识和理解以及愿意冒险并承担后果的精神

　　　　　　　　　　　　人类为何奔跑

虽然不能成为他们成功的保证，但却带来了变得优秀的可能性。

除非亲自尝试，否则很少有人知道自己能够获得成功。一次波士顿马拉松和四次纽约马拉松冠军比尔·罗杰斯曾经说过："跑步是全世界上最棒的运动，拥有最优秀的选手。它需要太多生理和心理上的能量，需要全身心的投入。"虽然基因并不能决定运动员的表现，但如果一个人没有健康的体魄（基因因素），他也不可能在比赛中取得成功。我们并不是长在同一个豆荚中的豆子，长得一模一样，滚向不同的方向。每个人都是不同的个体，有人经过训练后可以轻轻松松地在 5 分钟之内跑完 1 英里，或者在 3 小时内跑完马拉松。但对有些人来说，只是跑完一场马拉松就已经算得上是壮举了。不过，这种壮举也是值得赞扬的。想要在马拉松比赛中获得冠军，你必须有挑战的意愿和决心。不过，如果你缺乏天赋，就会遇到更大的挑战。和其他选手比起来，有些人看上去缺乏天赋，但他们确实勇气可嘉。凭借着自己的勇气，一个人到底能取得何种程度的成就呢？设定目标的时候一定要切合实际。你到底是犬系还是猫系？弄清这一点非常重要。

埃德蒙·斯蒂尔纳曾被问起对于我跑步的看法。埃德蒙·斯蒂尔纳是我大学的跑步教练，同时也是链球和标枪前国家冠军。他这样写道："在 200 米的比赛中，本绝对会被迈克尔·约翰逊（美国著名短跑选手，曾在一届奥运会包揽男子 200 米和 400 米两枚金牌）甩下一大截，但如果迈克尔·约翰逊想和本比超级马拉松，那他就大错特错了。本的肌肉就是为耐力而打造的，他还有强大的意志力作为后盾。"

一个人如果能清楚地意识到自己的能力范围，那他才有可能取得相应的运动成就。如果成功遥不可及，或者虽然可以取得成功，但无法获得荣誉，你就不会为此付出艰辛的努力。目标太高，人们就不敢奢望；没有荣誉，人们也会动力不足。最终我们都会接受环境和心理的双重考验。

梦想至关重要，因为它可以激活我们的大脑，大脑又会激活身体。对所有的生物来说都是如此，即使是一只昆虫。昆虫可能没有梦想，但在某些种类的昆虫当中，特定的环境因素会激活它们的神经系统，通知身体释放激素，促进肌肉大量生长和其他方面的变化。对于一些蚜虫来说，仅仅通过光照的改变就能促使它们长出翅膀和为翅膀提供动力的肌肉。激素的波动引起生理上的改变，这种现象十分常见，不仅出现在昆虫中，还出现在爬行动物、两栖动物、鸟类和哺乳动物中。光线变化和其他无数细小的诱因能激发大脑激素的分泌，我们有理由相信，梦想也能塑造我们的人生，引领我们去完成那些看上去不可能完成的任务。

我决心要参加100千米全国赛。对我来说，这是一个巨大的挑战，因为100千米的比赛可能已经超出我的能力范围。我必须要在正常生理机能的框架下，重新打造自己的身体，去完成这项看似不可能的任务。但不可能的定义又是什么呢？无论是在金门大桥马拉松赛和波士顿马拉松比赛中夺冠，还是在我的第一场50千米比赛中取得季军，我获胜的决定性时刻都在比赛快结束的时候。也许我刚刚发现自己的力量，如果不尽情发挥，似乎有些浪费；如果不利用它去追寻梦想，就好像愚蠢地扔掉了一件价值不菲的礼物。

第十五章　健康地长胖

自然既没有内核，也没有外壳，它就是一切。

——歌德

　　我在加州大学洛杉矶分校研究温度对天蛾耐力影响的那段时间，在实验室里养了几百只天蛾幼虫。我在温室里种了烟草，采摘新鲜的烟叶喂食它们。这些绿色的大毛毛虫体形肥硕，行动迟缓，过了一段时间后它们会变成棕色的蛾蛹，像木乃伊那样一动不动地躺在那里。经过两个星期的休眠之后，它们破茧而出，变成有腿有翅膀的蛾子。天蛾有着长长的吸管状舌头，在头部下方卷成一团，伸开来几乎和它的身体差不多长。它们从蛹里钻出来后，会爬出几英尺的距离，然后虚弱无力地挂在树枝上。在接下来的几小时内，它们慢慢伸展开来，翅膀和外骨骼也会变硬。到了晚上，就可以开始振动翅膀，提高身体肌肉的温度。一两分钟之后，肌肉才能进行快速且强有力的收缩，为飞行提供动力。做完热身运动后，它们就能振翅飞行，动作极其协调。在热身结束和飞行的时候，天蛾肌肉伸缩的频率可达到每秒 40 次，这会消耗大量的能量，此时它们的有氧功率是叉角羚全力奔跑时最大摄氧量的 4 倍。更令人惊讶的是，这种大功率的有氧代谢似乎不需要训练就能达成（在蛾蛹阶段的时候一些肌肉可能也会伸缩）。据我们所知，训练也并不能提高它们本来就很高的有氧代谢率。和蛾类似的还有一些鸟类。它们刚一离巢就会飞行，基本上不需要训练，顺其自然就可以。

很多鸟和蛾都能迅速获得健全的体格。它们的寿命相对较短，可能只有几年甚至几个月。这样看来，迅速成形的好处也就不言而喻了。一些天蛾以花蜜为食，一般能活上几周。其他天蛾干脆就不进食，只能以成体的形态活上几天。天蚕蛾连嘴都没有，几次夜间飞行后，它们就会因为体内能量储备耗尽而饿死。所以它们不能将宝贵的时间和精力浪费在训练上。

如何能提高身体机能，跑出更好的成绩呢？每当我绞尽脑汁思考这个问题的时候，总会想起天蛾。为什么我们没法一出生就拥有完美的身材？从输出功率和动作协调的角度来看，天蛾堪称有氧适能的典范，为什么它们轻而易举就能做到我们难以企及的事呢？我也认识一些选手，他们几乎不怎么训练，却比我跑得快、跑得远。是我缺乏跑步的天赋吗？还是我天生笨拙，底子差？

在进化的历程中，为了生存，我们可能一直都需要处在活动的状态，而蛾却恰恰相反，所以我们就没有必要像蛾那样去面对长时间的静止。这一点可以在人类和熊的对比上得到验证。人的骨头在长期不受力的情况下（比如说走路），会变得脆弱易折，但熊一到冬天就会冬眠，一动不动地躺上六个月，它们的骨骼却不会因此而退化。同理可得，如果在进化的过程中，跑步已经融入我们的生活，那现在我们就需要通过跑步才能将身体维持在最佳状态，这和人们对维生素的利用一样。因为维生素广泛存在于我们的食物当中，身体也就没必要自己产生维生素，所以身体就进化成现在的样子：体内无法产生维生素，只能从外界获取。我们祖先的生活环境塑造了现在的人类，所以当我们日常的生活方式和饮食与祖先不一致的时候，就要进行锻炼或者补充维生素，不然我们的身体就会发生变化（比如说变胖）。不过也许改变身体机能恰恰是我们对环境的一种适应，因为它能提升神经肌肉的灵活性。通过训练，我们可以改造自己的身体，将自己从一个瘦削的跑步运动员变成肌肉发达的举重运动员。蛾就不行。它们的身体已经固定成形了。在某件特定的事情上它们可以做到最好，但代价是再也无法改造身体。

适应跑步的有氧代谢后，肌肉就会失去爆发力。在没接受训练之前，我通常一次可以跳三个台阶，但接受长跑训练之后，一次就只能跳两个台阶了。这种转变来源于肌肉纤维的转变。肌肉内厌氧的快肌纤维转化为有氧的慢肌纤维。所以随着有氧训练的加强，肌肉就失去了冲刺的速度。当然我们也可以专注于冲刺速度的训练，代价就是耐力的降低。同样的交换也适用于变胖（体能改变的另一方面）。

觅食的时候，速度和灵活性可以帮助我们追上猎物，因此对我们来说显然是有利的因素。一旦捕到食物后，我们相应地应该将战利品储存到体内。这时，更适合减慢速度，并且将食物转化成脂肪储存起来。为了达到这个目的，身体将采取减少体能活动的措施，也就是犯懒。大多数动物一旦发胖，就会减少活动。在食物充足的情况下，它们变得越来越胖。不过，鸟类是个例外。它们胖起来之后，很快还会瘦回来。因为它们在迁徙或者御寒中消耗掉体内储存的能量。即使在食物丰富的情况下，也不会随意变胖，而是在特定的时机下为特定的目的而变胖。

脂肪是身体的能量银行。对我们来说，脂肪像是我们签下的保险单，用来应对未来可能发生的食物短缺。脂肪的正确打开方式可见于一些动物身上。这些动物都生活在四季分明的环境。在缅因州的树林里，驼鹿、豪猪和美洲兔一年到头都能吃上嫩芽和小树枝。它们不需要在体内储存能量，体内也没有应对食物短缺的机制，因此可以保持苗条的身材，只有这样才能比捕食者跑得快。对大多数动物来说，充足的食物就意味着它们永远也不会变胖，因为没必要，而且保持苗条对它们更有利。还有一些动物，比如啄木鸟、熊、浣熊和臭鼬，到了冬天它们的食物变得匮乏，所以会在秋天抓住机会拼命吃，来增加体重。这就是它们的身体机制，在某个时间段大量进食，为即将到来的食物匮乏期做好准备。同样地，节食会向我们的身体发出警示："食物不足，加紧能量储备！"因此，减肥的时候，我们在热量控制上最好采取循序渐进的方式，在身体没有察觉的情况下慢慢减少热量的摄入。这种方法可能比节食要更可取。

有些动物脂肪的堆积量甚至超过人类最大的水平，比如候鸟，它们能在两周内将体重增加一倍。这是如何做到的呢？目前我们还没法给出一个确切的说法，但还是有一些线索可供我们参考。关键性因素之一——对食欲的生理性调节。血液中产生某种化学物质，进而影响大脑控制食欲的中枢。触发这种机制的因素就是环境。整个夏天和秋天，熊都在大吃大喝，但到了春天和冬天，它们就不吃不喝，即使食

草原土拨鼠在冬眠前会大量进食，增加能量储备
斯蒂芬·G.马卡拍摄

物仍然十分丰富。熊偶尔也会在冬天因为饥饿跑出来觅食，这样的熊很难将自己的基因传递下去，因为它们过早地消耗了能量，很有可能撑不过冬天。冬眠结束后，因为受到血液内化学物质的抑制，熊的食欲不会立刻恢复。经过一个冬天的消耗熊变瘦了，对于母熊来说它们的能量消耗不仅来自于自身还来源于照顾幼崽。开春时熊对食欲的抑制，其实也是适应环境的表现，因为通常此时食物并不丰富。它们胃口最好的时节出现在夏末和秋天。

人类和熊、鸟一样，也能囤积脂肪。这说明我们的祖先可能也经历过由丰富到匮乏的食物供应周期。除了季节变化带来的食物供应之外，我们也没法预测饥荒到来的时间，以及打猎的成功几率。现在的人类随时都会发胖，说明那些在自然选择中幸存下来的原始人（也就是我们的祖先）具有同样的能力，一旦机会来临，就能够囤积脂肪。

囤积脂肪的能力对于女性来说尤为重要，因为这有利于她们在怀孕和哺乳期维持能量供应平衡。所以，现在你应该能明白为什么和男性比起来，女性的脂肪通常会更多，也更容易发胖了吧。

为什么自然选择让我们囤积脂肪呢？尽管这也会付出相应的代价。对此我们只能猜测，不过从其他动物身上我们也能找到可供参考的线索。动物在冬眠期间活动量减少，能量需求变大，这时自身囤积的脂肪非常有用。在人类的历史上，女性主要在怀孕和哺乳两种状态中来回切换。生育过程需要消耗巨大的能量，同时带着孩子的女性没法像男性那样方便走动觅食。在资源紧缺的环境下，胖就代表着生育能力，也是最有可能被认为是性感的。

在进化过程中，女性会特意突出脂肪的存在，作为她们炫耀的资本。苗条的身材意味着你可能更加灵活，有能力去采集更多的食物，但肥胖的身材则更多地凸显生育价值，也就是能生育更多的孩子，因此更为人们所重视。食物匮乏在过去的社会中是很常见的事。到了现在，随着粮食的大量生产和日渐完备的分配体系，很多地区曾经的食物匮乏现象早已成为过去时，此时肥胖则显得有些不合时宜，也不再被视为成功的象征。我们的天性并不一定是判断美丑好坏的标准。科学能帮助人们找到生理上的偏差，价值观会决定要摆脱它还是喜欢它。

脂肪囤积需要的消耗和带来的好处可能会有地区上的差别。这些差别也反映在现代人身上。有人认为，生活在南太平洋的波利尼西亚人比其他地区的人更容易发胖。他们的祖先漂洋过海来到这里的数千个岛屿上。在漫长的海上旅途中，胖子储备的能量更多，和瘦子比起来，他们更有可能活着到达岛屿（就像候鸟一样）。活着到达的人在

人类为何奔跑

岛屿上定居下来，并将自己的基因传递给后代。作为幸存者的特征，这种基因就这样传递下去，不管未来是否还能派上用场。在大洋洲的部分岛屿上，胖甚至还被看作美的标志。

在进行超级马拉松训练时，我很明智地选择了将脂肪燃烧能力最大化的训练，而不是积累脂肪。虽然燃烧脂肪的前提是体内有脂肪可供燃烧，但我真正需要的其实只是一层薄薄的脂肪。当然身体会自发对抗减少脂肪的这种行为，一不留神就会积累起脂肪。

从高中时代到现在年近六十，我的体重一直维持在160磅（72千克）左右，表面看不出明显的脂肪。作为一名长跑运动员，相对于我5英尺8英寸（1.73米）的身高来说，其实是偏胖的。奥运会、波士顿和纽约马拉松比赛的常胜将军比尔·罗杰斯和我身高相同，但却比我轻36磅（16千克）。弗兰克·肖特——1972年奥运会马拉松比赛的冠军——比我高2英寸（5厘米），却比我轻26磅（11.8千克）。我必须要减轻体重，但该怎么做呢？减少热量摄入会在体内引起混乱。这样做的话，开始可能效果很好，但是身体会逐渐觉察，为了维护正常体重，它会下令减少能量的消耗。身体不会关心我是否能赢得比赛，只关注长期的生存问题。节食会降低45%的新陈代谢，让人变得虚弱迟缓，最终也只能减轻一点点体重。要减轻体重绝不能以牺牲新陈代谢为代价。保持能量的高消耗率是跑得快的必要因素。我该怎样做才能在维持较高新陈代谢水平的基础上，把我160磅的体重减下来，达到和肖特一样的体重呢？

第十六章　饮食调节

食欲受心理因素的控制，而心理因素又会受到血液生化状态的影响。仅仅出现在想象中的汉堡包都能影响到血液的生化状态。狗可能还需要看或闻到汉堡包的味道才会做出反应，或者至少是在听到吃饭的铃声之后。我们可以想象数年之后身体的状况，因此也能影响到身体状况。除非拥有强烈的意志，否则节食本身是很难影响到下丘脑对于体重的设定值。大脑真能影响到已经设定好的体重值吗？如果我们以厌食症为观察对象，就会发现，大脑确实有足够的力量影响到下丘脑定下的阈值。所以我经常想象自己瘦得像一个厌食症患者。

下丘脑是人体内鼎鼎有名的控制专家。它掌控着人类的基本需求，如合适的热量、特定维生素和其他营养物质的最佳摄入量。当食物中所含的营养物质达不到人体的需求时，我们会吃得更多，热量摄入过多，发胖的风险也就随之而来。

为了准备100千米的超级马拉松比赛，我需要摄入各种各样不同数量的营养物质。我并不打算去弄清这些营养物质具体的种类和数量，因为变量太多。吃什么、吃多少，大部分情况下都要根据客观条件来确实。每天跑20英里训练的人和正常活动的人需要的营养物质有很大不同。我没法弄清自己需要哪些，但是我确信身体会给出答案，就像任何一种野生动物能做到的一样。叉角羚有着十分适合奔跑的体形。它没有考虑过自己的食谱，但它的食物显然很适合它的身体需求。只是凭借着自己的喜好和饥饿感，便能从遇到的各种各样的食物中选择出自己想吃的，我也想像它一样。假如能从一些未经加工或者加工最少的食谱中进行选择的话，相信我的身体也能在食物的种类和数量上做出明智的选择。

我采取了随心所欲不忌口的饮食策略，除此以外，还给自己增加另外三件事：首先，每天延长跑步时间，增大热量输出；其次，想象自己瘦下来的样子，就像想象自己跑得更快更远的样子，想象本身并不会直接影响到我的身材，但会影响到进食和训练，曲线救国，间接影响最后的结果；最后，也是最重要的，我依据了这样一个事实：我的祖先是会打猎的猿人，他们可能经常吃肉。

我们需要从外界获取身体无法合成的营养物质。老鼠能自己合成维生素 C，因此它们的饮食中不需要含有维生素 C，但人类需要从饮食中获取维生素 C。这是因为我们的祖先经常能吃到富含维生素 C 的食物，身体也就没必要自己制造了。

肉不仅是一种热量的来源，还含有我们身体所需要的氨基酸、儿童大脑发育所需要的脂肪、氧气运输所需要的铁元素、有氧代谢所需要的维生素 B 以及其他维生素，例如维生素 A、维生素 D、维生素 E 和维生素 K。如果肉包含了动物所需的一切，那不就包含了我们所需的一切吗（也包括运动时需要的能量）？当然这并非意味着我们一定要吃肉，同样的营养物质也可以从蔬菜或者保健品中获取。但如果将肉类排除，那合理安排自己的饮食就会变成一件比较麻烦的事。在进化的过程中，每种动物都找到了各自不同的食谱。假如你想要扮演上帝的角色，那很容易就会忽略一些细节。我相信自己的胃口。反正对我来说，跑得越多，就越想吃油腻的猪排。

从关于候鸟的近期研究结果来看，我对猪排的渴望可能并非坏事。脂肪的代谢和蛋白质的代谢通常是紧密相连的，所以我们不能只摄入脂肪，还要加上蛋白质。候鸟会通过消耗身体的某些结构来获得蛋白质。除此以外，它们的大脑会使用葡萄糖而不是脂肪作为燃料。在糖原的储备耗尽之后，蛋白质就会降解，为大脑提供葡萄糖。蛋白质持续分解，最终会引起肌肉的退化。大滨鹬在澳大利亚和中国之间连续不停地飞行 5400 千米之后，皮肤、盐腺、翅膀肌肉、心脏、肝脏、肠、肾脏、脾脏和腿部肌肉的重量都会明显减轻，除此以外，它们的体脂率也会大大降低。节食也会引起类似的蛋白质降解。我可不愿意从自己的肌肉和重要器官上获取蛋白质，所以还是老老实实地吃饭吧，从食物中获取蛋白质才是王道。不论经过长期飞行的候鸟，还是经过长期节食的人类，他们身上唯一的重量不发生改变的器官就是大脑。由此可以看出什么才是我们跑步时乃至生命中最重要的，同时也是最不可或缺的东西。

第十七章　跑步的燃料

杀不死我的让我更加强大。

——尼采

对于旅鸫、柳莺和大多数鸣禽的幼鸟来说，它们摄入的蛋白质几乎都来自昆虫和蠕虫，也就是说，它们以肉食为主。长大之后，准备进行迁徙时会改变食谱。为了获得所需的能量，它们会大量进食浆果和其他富含碳水化合物的食物。迁徙途中，也会在中途停留，进点食，补充损失的能量（和体重）。起初它们的体重增长相对缓慢，然后需要高蛋白的食物加速消化道的复苏。消化道功能恢复正常之后，体重又会迅速增长，脂肪开始堆积。在离开之前，其体形和翅膀肌肉仍在持续增长，但肝脏、消化道和腿部肌肉却因脂肪的存储而变得越来越轻。为了能获得燃料和飞行的动力，鸟类似乎对器官的大小进行了优化，其中好处和风险并存。简而言之，燃料的产生需要原材料，而这些原材料也正是身体的组成材料。在那之后，候鸟变得更像一台机器，大量消耗燃料，对于蛋白质的需求则大大减少。同样地，在 100 千米的训练时，我也会遇到磨损和消耗，这时必须要重新合成。为了修复大负荷训练带来的消耗，最好的食物就是蛋白质，但不论在哪种长度的跑步比赛中，蛋白质都不是短期补充能量的最佳物质。我不会在跑步途中补充大量蛋白质，原因如下：蛋白质不易消化；蛋白质代谢会产生有害的副产品——尿素；将尿素排出体外的过程，又会引起水分的流失。

短跑选手不用考虑比赛和训练时的食物配置问题，但对于像我这样的超长马拉松运动员来说，食物配置绝对是必须关注的重点。短跑运动员主要依靠三磷酸腺苷和磷酸肌酸——细胞里提供即时能源的单位——供能。可能也会用到一点肌肉里的储备糖原。中长跑运动员则会用到肝脏中的储备糖原。这些糖原分解之后，会通过血液为运动员补充 ATP 和 CP。糖原是储存能量的物质。我们的身体会利用任何含有蛋白质、脂肪和碳水化合物的食物来制造糖原，并确保糖原时刻都有储备。考虑到短跑和中长跑运动员的能量来源，就不必关心他们吃了什么，因为所有被消化吸收的食物都能转化成 ATP 和糖原。摩洛哥人奎罗伊是 1500 米的现有世界纪录保持者，也是我预测下一届奥运会的金牌得主（他没能打败肯尼亚选手诺亚·纳兹尼，屈居亚军。诺亚跑出了 3 分 22 秒 07 的好成绩，创下新的奥运会纪录）。奎罗伊的主食是蒸粗麦粉，一种富含碳水化合物的食物。芬兰选手、四届奥运会奖牌得主（在 1972 年的 5000 米比赛和 1976 年的 10000 米比赛中夺冠）拉塞·维伦则将他的成功归结于饮食中的驯鹿奶。不过在我看来，他的成功其实更多是来源于"sisu"，一个荷兰语词，意为勇气和毅力。

马拉松运动员在比赛时会遇到能量补充的问题，因为 ATP 在短时间内就会用尽。身体储存的糖原能量约为 2000 卡路里，而跑上 100 千米需要消耗大约 6000 卡路里。对大多数人来说，糖原的最大储存会在跑到 26 英里左右的时候耗尽。这种糖原耗尽的状态又被称为撞墙期——这就是血糖（来自于肝脏的糖原储备）突然耗尽时身体会产生的感觉。此时体内的新陈代谢模式发生转变，脂肪和蛋白质将会被作为能量来源。如果想避免身体消耗蛋白质和脂肪，就要在跑步途中进食。但不管怎样，奔跑的速度都会受到很大影响。

跑超级马拉松的时候，哪种是最适合我的食物呢？可以用动物的情况作为参考。在没有温度限制的条件下，蜜蜂的飞行耐力几乎完全取决于它们胃里储备的碳水化合物。通常情况下这些储备量足以支撑它们的日常行程。熊蜂体内如果有和体重相同的浓缩花蜜储量（30% 糖，70% 水），那它们的最大飞行时间通常可达 3 小时。候鸟则会调动体内的脂肪储备作为燃料。如果鸟通过摄入脂肪，将体重增加一倍

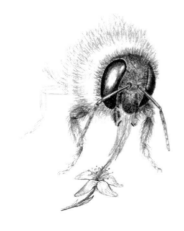

熊蜂

（不包括水），那它就可以连续飞行三天三夜。在长途旅行中，和糖类相比，脂肪是燃烧效率更高的一种能量来源。

　　碳水化合物更有利于速度的提升。在蜜囊储备充足的情况下，熊蜂的血糖能够维持在较高水平，它们就能正常飞行。一旦储备耗尽，飞行就会停止。同样地，当我们体内的血糖水平下降时，我们也会感到疲劳。因为在那之后，身体会动用为紧急情况所储备的脂肪和蛋白质。尽管蛋白质和脂肪中储存着大量的能量，但我们并不能像鸟类一样快速使用它们。熊蜂和蜜蜂在飞行时，几乎都是使用碳水化合物作为能量来源。它们并不用担心燃料耗尽的问题，因为在它们的蜂巢里有着足够的花蜜储备。每隔半小时或者不到半小时，它们就会返回蜂巢补充能量。因为根本用不到脂肪，所以也就没有进化出储存脂肪的机制。

蜜囊储备充足的蜜蜂

　　怎样才能增加脂肪调动和细胞中脂肪的代谢呢？我认为应当节省宝贵的碳水化合物资源，延长使用时间。血糖、肝脏糖原以及可以转化成糖的蛋白质，对于大脑的正常运转来说至关重要，所以在超级马拉松中，维持血糖浓度的一个方法就是从消化道摄入葡萄糖。但对大

　　　　　　　　　　　　　　　　　　　　　人类为何奔跑

多数选手来说，肠胃并不能很好地配合跑步，似乎跑步和进食之间有着天然的排斥关系。很多选手尝试着吃点东西，但最后还是吐了出来。这可能是短距离内快速奔跑后的一种适应性反应。胃里的食物使运动员体重增加，而且还会同肌肉竞争珍贵的血液供给，让人变得疲惫无力，所以捕食者通常都会在追逐结束后进食。这样看来，胃的反应也很正常。不过，我们可不可以对胃加以训练呢？我的训练方法就是在吃完三明治、汉堡包和土豆，甚至是饱餐一顿后立刻开始长跑。这样做基本上没什么问题，但是我也跑不快。

著名日本马拉松女子选手高桥尚子（2000 年悉尼奥运会马拉松比赛冠军）曾透露过她的成功秘诀：在训练和比赛时饮用日本大胡蜂幼虫的胃部分泌物。成年日本大胡蜂会将捕获的猎物（大多数都是蜜蜂）咀嚼消化后喂给蜂巢里的幼虫。作为回报，幼虫（每个蜂巢中大约会有 4000 只幼虫）会从胃里回涌出一种清澈的液体给成年胡蜂。饮用过这种液体的成年胡蜂在外出捕猎时，就能以每小时 20 英里的速度飞行，其最远飞行距离可达 60 英里。日本研究人员在老鼠和学生身上对幼虫的分泌物进行了测试，他们声称，这种清澈的液体具有提高脂肪代谢、减少肌肉疲劳和乳酸堆积的神奇能力。（问题在于，和谁对比呢？）我在缅因州暴徒跑步俱乐部的同伴们则会觉得可乐或者啤酒可能更常见，味道也更好。据我猜测，胡蜂幼虫的这种分泌物中可能含有大量的糖分和多种氨基酸，但也不会比蜂蜜和肉里的要多。胡蜂的速度和耐力算不上特别出色，蜜蜂比它们还要优秀，当然蜜蜂使用的蜂蜜也更多。

虽然我没有品尝过胡蜂幼虫的分泌物，不过却尝试过蜜蜂的分泌物：蜂蜜。当时我住在加利福尼亚的核桃溪市，正在为旧金山马拉松做准备。训练的时候，我经常会在炎热的天气中跑到阿布罗山山麓，再跑回来。我喜欢蜂蜜，但一次喝下将近 1 夸脱（约 1 升）的量让人有些吃不消，但为了训练，我还是强迫自己喝了下去，然后出发。穿过闹市区，向阿布罗山跑去。很快地，我就感觉到不舒服，尤其是在肠那块，几乎到了不能忍的地步，但我还是强忍着不适，坚持跑到山脚下的灌木丛。这才只是一半的路程，我已经头晕眼花。除了严重失水以外，身体可能还出现了其他问题。我以为自己能从这次事件中吸取教训，没想到后来又在相同容量的橄榄油上栽了跟头。

　　我在第三次尝试中选择混合进食碳水化合物和啤酒。之前曾在 20 英里的训练中做过一次实验：我先是把啤酒放在 10 英里的地方，也就是那片灌木丛处，等跑到那里的时候一口气喝下 12 盎司（约 300 毫升）的啤酒，然后继续跑后半段的路程，一边跑一边计时。如果在后半段我的速度慢了下来，那就再换一种饮料，如果速度有所提升，就可以考虑继续喝啤酒。事实证明，我在后半段确实提速了。

　　接下来进入真正的实战测试。我携带了 3 组啤酒（每组 6 瓶），参加一场公路赛跑。按照预估的速度（我打算用较快的速度跑），准备每隔 4 英里就喝上一组。比赛开始了，大家像发情的犀牛一样冲了出去，很快我就取得了领先。在喝完一组又一组的啤酒之后，我的领先优势逐渐加大。最后只剩下 3 瓶啤酒了，胜利在望，一股喜悦之情涌上心头。但就在这时，我突然感到全身无力；还剩下 2 瓶啤酒的时候，我已经到了快要崩溃的边缘，不得不退出比赛。如果真打算使用啤酒，可能还需要更多调整。不过，我放弃了啤酒，选择欧氏丝柏牌蔓越莓汁。一开始，只是在训练后喝上一些，来补充 4~6 磅（1.8~2.7 千克）的水分。跑步的时候，我从不会携带杂物，因为它们可能影响到我的步伐（需要对此进行训练）。我在训练沿途摆放了蔓越莓汁，这样就不用等到终点才能喝上。

蔓越莓汁就像花蜜或者浓缩的蜂蜜，是一种含糖量较高的溶液。那为什么不用更浓缩的一些食物呢？例如糖块或者三明治。确实，这些也是不错的选择，但对于跑得很快或者已经跑了很远一段距离的运动员而言，身体开始脱水的时候——这也正是我最需要补充能量的时候——这些食物并不合适。我的嘴里好像塞进了一团棉花，根本就咽不下去。我能在一分钟之内吃掉六块苏打饼干（和别人打赌时，我就这么做过），但跑步时补充碳水化合物唯一合适的方式就是补充液体。

欧氏丝柏蔓越莓汁为我提供了能量和水分。既然如此，那为何不让欧氏丝柏在跑芝加哥马拉松的时候赞助我一些免费的蔓越莓汁呢？让人兴奋的是，欧氏丝柏居然同意了我这一提议。不仅如此，他们还承包了我的飞机票和住宿费。这是我作为运动员收到过的最大一笔物质资助，也正是我所想要的。

我没听说过还有其他使用蔓越莓汁的人。现阶段对于超级马拉松跑者的建议，可以引用简·范登德里舍（1999 年 10 月 10 日，波士顿 100 千米挑战赛冠军）的话："轻装上阵，保持体能。不要吃太多，尽量避免使用布洛芬（一种抗炎镇痛药）。前半段时喝糖水，到了大约 40 千米的时候，转为 GU（一种商业饮料），赛程过半时，饮用

Metobol（同样也是一种商业饮料）。在最后的 20 英里，除了 GU、水和百事可乐，就不要再喝别的了。"

　　我们再来看一下《超级马拉松》杂志上推荐的两款能量补充剂：悍马能量胶和 E 元持续能量。两者都含有复杂的碳水化合物以及四种"关键氨基酸"（或蛋白质）。两者都声称是无糖配方。除此以外，E 元持续能量的赛前能量剂号称含有血浆中的电解质，修复系列则可以为赛后恢复提供"特殊的营养物质和抗氧化剂"。其实，这还远远比不上在赛前吃酵母面包卷、喝含有强效利尿剂的玉米纯糖浆的效果。至于赛后的恢复，立刻吃上一份牛排、烤土豆和奶油苹果派，效果会更好。

第十八章　大赛前的准备

跑步是对生活最好的隐喻，因为没有付出就没有回报。

——奥普拉·温弗瑞

在合适的环境刺激下，跑步对我们来说是一件再自然不过的事了，因为在进化的过程中，我们获得了相应的基因，这些基因赋予我们跑步的能力。因此有理由相信，假如给予合适的激励，大多数人都能成为跑步运动员。我们有着适合跑步的肺、四肢、心脏和大脑，就像鹬天生就能从北美洲飞到南美洲一样。当然，天生的能力并不一定就是优秀的能力。现在对我们来说，优秀的跑步能力是奢侈品，而不是必需品。

就如知名坦桑尼亚马拉松选手朱马·伊坎加曾经说过的一样："没有充分的准备，胜利永远只会存在于你的脑海里。"但是面对两倍于之前的距离，要怎样开启一种全新的训练呢？尤其是在已经快到极限的情况下。不过，有一件事是我可以确定的：训练时不能一味地跑，还要认清自己的能力，掌握正确的训练方法。训练中犯下的任何错误都是宝贵的经验，就像我之前的蜂蜜、啤酒和橄榄油试验。

跑步最美妙的一点在于它的简单和优雅。跑步的步骤很简单，把一只脚放到另一只脚之前，轮番交替就可以了。想要提高短跑的速度，跑快一点就行了。想要提高长跑的速度，跑远一点就行了。如果你只是想通过跑步锻炼身体，那这样就够了；但如果为了赢得比赛或者创下纪录，这还远远不够。猎豹具有绝佳的速度，羚羊也是一样，两者的差距就在那几毫秒之内以及不犯错误。所以，我们该如何在不犯错误的情况下做到呢？

　　还是从爱因斯坦的 $E=mc^2$ 公式中来解读一下能量、质量和速度的关系吧。我的冲刺速度和常速很快，因此可以被看作这个公式中的常量，没必要去改变，当然可能我也改不了。在我看来，主要的变量和限制因素就是耐力，而耐力又受到体温和体液的影响，并最终由肌肉、血液、肝脏和消化道中的能量供应、脂肪储备和能量利用率所决定。因此，要想增加能量供应，我有两个选择：一是在跑步途中补充糖分；二是通过提高脂肪利用率和脂肪燃烧率，利用脂肪储备。对于人类来说，体内可用的碳水化合物储备可以维持 20 到 30 分钟的最大输出功率，而脂肪储备则可以维持一天的大功率输出。但我的问题在于，由脂肪提供的能量消耗率（直接影响到我的速度）只有糖类的 60%。人们普遍认为，持续且高能的有氧输出来源于糖类和脂肪的同时使用。

　　跑上 62.2 英里相当于要经历两次碳水化合物的耗尽过程。对人类来说，糖原耗尽就会产生疲劳。为了增加身体的忍耐力，我会进行空腹训练，让身体在肌肉和肝脏中的糖原耗尽后，尽快动用脂肪作为燃料。另一方面，我会尽量利用消化道吸收的碳水化合物，来延长储备糖原的使用时间。因为碳水化合物食物（主要含糖和淀粉）属于高能量的燃料，和脂肪比起来，可以提供更多能量，提高跑步的速度。上文提到过，有时我也会做相反的训练，在饱腹后进行跑步训练，目的就是为了利用碳水化合物食物作为燃料。短跑选手在奔跑时，糖原储备充分，所以他们需要训练的是暂停消化道的运转（没有食物的刺激，消化道通常也不会运转，短跑运动员就是需要达到这种效果）。而我则恰恰相反，我要通过训练让自己的肠胃一直运转，即使在跑步的时候也不能停下。

有时为了抓住心目中的那只羚羊，你必须做出妥协。要想在超级马拉松中有出色的表现，关键是要设定好目标，然后在各种必要却冲突的事情间找到平衡点。高强度的训练里程是必不可少的，但是休息和调整也同样重要。严格训练起来的话，每天练习 10 英里、20 英里，甚至是 30 英里都是可行的，但如果继续下去会让你受伤的话，则应该立刻停止。有时你需要敏锐地意识到受伤的先兆（例如水泡或者轻微的肌肉拉伤），知道适可而止；但在其他时候，却要忽略伤痛，冲到最后。跑步既需要冷静沉着、镇定自若的心态，也需要破釜沉舟、不顾一切的勇气。成功的逻辑就是不妥协，奔着一个毫无逻辑可言的目标，坚定向前——生活不也正是如此吗？英国超级马拉松选手唐·里奇曾经说过："参加超级马拉松，你需要充分的训练和合适的心态。"换句话说，你得有点疯狂。

我们所在的生物世界是一个非常奇特的地方，这里充满了自相矛盾的事实和真理。这些矛盾在一起，让永恒不变的事物焕发日新月异的光芒。我们的世界并不是仅仅依靠科学工具（例如数学）层层推断就能找到真相的线性结构（也许物理除外？）。那种一成不变的世界只存在于理论中，在事实面前，理论只是一种学术研究。这个事实就是我们所在的生物世界：设计精巧，却又充满混乱。没有一个精确的模式和配方能详细地指导我们该如何去准备，我们只能不断尝试着接近最佳方案。这就像探索真理的过程一样，只能不断接近终极真理，却永远无法真正触及。

训练时空腹跑还是饱腹跑；是短距离频繁快跑，还是长距离不停顿地慢跑；还是应当把两者组合在一起？到底哪种方法才能让我跑得又快又远？当时（1981 年）我根本都不知道该如何为超级马拉松做准备，也不知道别人是怎么做的。就算了解别人的做法，又如何判断别人的方法是否适合我呢？那时我住在缅因州森林里一个防水布搭起的简易棚子里，每日跑步，为那场重要的比赛做准备。还砍伐云杉和冷杉，建起了一个小木屋，陪伴我的是一群熊蜂和一只猫头鹰。我希望自己的训练能和比赛一样，找回最初的纯真。不用背着心率监测仪，也可以用自己的身体来衡量效果，不需要拉伸，也不需要举铁。不需要带泡沫和气孔的运动鞋，也不需要人造的训练服。任何药品都不需要，哪怕只是一片阿司匹林。为了提升跑步能力，我仅允许自己早晨喝一杯咖啡，里面加了足量的糖和浓缩牛奶。我没有固定的训练计划，只用固定的配速跑上一段适合的距离。我会为自己提供一些参考，但不会设限，因为一旦设限，那些令人窒息的条条框框就会让人无法坚持。来到森林之后，每一天都是特别的，每一天都是不同的。每次训练快结束时，我都会用接近比赛的速度，加速向小木屋冲去。在这个过程中，糖原能够很快耗尽，脂肪代谢就会继续接上。

在长跑中，你需要考虑的下一个重要因素是奔跑效率——将消耗的能量尽可能多地转为跑步的距离。一个动作协调的人跑 1 英里需要 1600 步，假设他体重 150 磅，那就需要消耗 100 千卡。能量应当尽可能使用在向前移动上，而不是上下移动。当然，要想前进，脚是一定会做出上下动作的，但为了节省能量，长跑选手就必须减少这种动作。短跑运动员完全不需要考虑能量的损耗问题，他们要做的就是抬高膝盖和双足，迈出更大的步伐。

　　每跑一步，抬脚都不可避免，这是每位运动员都必须面对的能量损失。但动物们却进化出各种各样减少这种能量损失的方法。为了减少抬起翅膀造成的能量损失，鸟类将大部分控制翅膀动作的肌肉都放在胸部而不是翅膀上，这样就减轻了它们翅膀的重量。它们的肱骨也很短，翅膀前端长而轻，所有的重量都尽量集中在躯干，进一步减少挥动翅膀的能量消耗。鸟类中速度最快的耐力型选手雨燕就有着极短的肱骨和锥形的瘦长状翅膀。雨燕是鸟类节能的典型代表。同样地，其他善于奔跑的动物，例如羚羊和鸵鸟，也会通过减少数量或者大小的方式来减轻小腿、脚和脚趾的重量。当然，大多数运动员可能都不会考虑截趾。我在比赛时，通常要迈出 12.4 万步，所以我一直非常在意鞋子的重量。对于我跑的距离来说，如果比必要的高度多抬起 1 英寸，比必要的重量多加上 1 盎司，就相当于跑 1 英尺的距离提起 900 磅的重量。

　　提高跑步效率最主要的方式是减少抬腿，增大步伐长度，还要穿最轻的跑鞋。练习跑步的时候，我会尽可能利用重力和惯性来迈开双腿。短跑运动员每跑一步都会消耗过多的能量，他们的每一步其实都相当于在跳跃。我需要对于脚步的训练进行精准的控制。为了节省能量，步数要少，抬起要低，但步伐要大，这也意味着膝盖抬起要高。训练时，我尽量用比赛时的速度来跑，希望能锻炼出最合适的步伐。

长跑运动员在跑步中最忌讳的就是整个身体上下运动。他们要做的不是通常意义上的跑，而是滑翔。如果仔细观察你就会发现，鸵鸟（或者优秀的马拉松运动员）在奔跑时，头部和肩膀几乎没有垂直方面的运动。假设一个体重150磅的运动员每跑一步身体上下移动3英寸，那在100千米的比赛中，这就相当于他拎着150磅的重物跑了2英里的距离，相当大的能量消耗。因此为了最大程度地增加水平运动，要尽量避免垂直方向的运动。

除此以外，还要减少呼吸产生的能量损失。人们通常认为，对于像我们这样的两足生物，呼吸周期和步伐不会一致，因此运动消耗的能量无法被利用于肺部活动中。但我却打破了这个限制。我在跑步时手臂和腿的摆动周期都和呼吸一致。每个呼吸周期手臂和腿的摆动次数根据发力不同会略有变动，但总是会同步。这种同步性在一次周期节省下来的能量虽然不多，但在长跑中积累下来的数值就非常可观了。我希望自己的动作可以优雅无瑕，如同行云流水一般流畅。但是在训练中还是有必要进行适当地调整，尤其是在身体协调性和跑步效率急剧下降的时候，因为这时我就会感到疲劳。

高强度的训练固然重要，但如果训练强度超过自己能承受的范围，其实就是在浪费宝贵的时间。澳大利亚1英里赛跑运动员赫布·埃利奥特曾声称，他的教练珀西·塞鲁迪会对他进行"魔鬼般"的训练。训练主要为了提高速度，训练出他所需要的碳水代谢率。我也曾训练过自己的速度，结果发现2分钟跑半英里已经是我的极限。但对已经过了 30 岁的我来说，已是一个巨大的突破。我通过反复跑四分之一英里或者半英里进行训练。要想在超级马拉松中取得成功，关键在于控制速度，减少碳水代谢，延长跑步距离。在开始长跑训练后，我再也没有碰过短跑训练，但那种训练强度还是很有必要的，可以用来推动长跑中的距离，而不是提高速度。长跑时，我跑得更慢了，跑步中的最大强度并非来源于速度，而是取决于跑到疲劳点的那一刻以及之后的状态。疲劳之后，我还要继续前进，在已经精疲力竭的情况下不断向前。一开始，我几乎无法应对这种状况，但后来就慢慢习惯了这种强度。我连想都不用想，就这样做到了。

尽管我坚信，身体里的每种感觉都有生理上的依据，真正重要的是我的应对措施，但总会出现一些我无法预测的情况。训练的时候，有时会觉得自己像个半截入土的死人，脚里灌了铅，怎么都迈不出去。我像僵尸一样摇摇晃晃地跑完全程，疲劳和痛苦令人备受煎熬。这时我就会想，是昨晚猪排吃太多了吗，还是昨天训练太过了，还是出发前吃的那块花生黄油三明治惹的祸？有时身轻如燕，一路轻松地跑下去，本来应该跑 15 英里，我能跑上 20 甚至 25 英里。为什么那时的感觉会那么好呢？虽然能找出很多貌似合理的理由，但真正产生影响的因素到底是什么，我却一直不清楚。真希望自己能找到原因，这样在接下来的那场比赛中就把握十足了。

5 月初，我开始为 10 月 4 日的那场比赛做准备，每天跑 15 到 17 英里。奇怪的是，自己状态不仅没有变好，反而变差了。这真是一个吓人的发现，不过后来我找到了原因：训练时，和疲劳感一起袭来的还有饥饿感，有时，我甚至饿得发慌。有好几次实在太过虚弱，不得不敲开陌生人的门，请求他们给我一块干面包。还有一次，我不得不停下来，去镇里的便利店赊账买了一块糖果，此时离我在森林里的家只有 3 英里。碳水化合物果然很有用，吃完后我就跑回家了。

所以对我来说，长跑中的限制因素就是燃料的储备。通过训练，我跑得越来越远。为什么能空着肚子跑那么远呢？我的第一反应是能量来源的改变。经过训练，我的身体渐渐习惯使用其他燃料进行供能。这个其他燃料就是脂肪，当然也有可能是在每顿饮食中加大了糖原的供给和储备，我的身体当然想利用所有的脂肪能源，但它还是更倾向于碳水化合物燃料。所以糖永远是身体对燃料的第一选择，肝脏和肌肉储存的所有糖原仅能供一个训练有素的中长跑选手跑完一场马拉松，而正常马拉松的距离相对于 100 千米的超级马拉松来说，只是开始。有时我在跑完 20 英里后就已经疲惫不堪，这时想想超级马拉松的距离还真有点吓人。跑步效率是我想到的第二个原因。我惊讶地发现，尽管我能够很快减轻 5 磅的体重，但在那之后，虽然每天依然要跑大约 20 英里，但体重却不再下降。跑步的时候，我也不再感觉到饿了，而且吃的也不比没训练时更多。不知怎么回事，我用相同的能量跑出了更远的距离。我猜测应该是我的跑步机制（可能是细胞代谢）更有效率了，也就是说，更多的能量转化成动力，而不是作为热量损失掉了。

有人认为，在比赛中我们对抗的其实不是他人，而是自己。对我来说，这场比赛在 5 月份就已经开启，一直持续到 10 月 4 日。等到那天来临的时候，我会独自奔跑，对抗自己。我在训练的过程中慢慢增加距离。虽然不可能每天都跑出比赛的长度，但我经常跑到精疲力竭的状态，以此来提升在比赛时的状态。因为左膝内侧半月板受损（这是我在森林里砍树建木屋时留下的伤），我在 5 月 19 日接受了手术。做完手术后，速度立即降了下来。说实话，当时真有些崩溃，觉得梦想已经离我远去，不过很快我便振作了起来，决心也愈发坚定。几周之后，我再次增加了跑步距离。直到夏末，平均每天训练的距离达到 20 英里。在训练的距离上，我采取轮换交替的策略，前一天长些，后一天就短些。我习惯在周末跑 30 英里，雷打不动（除了在上述交换安排的那两周内）。这样算下来，每周我通常要跑上 120 多英里，多的时候可达 140 英里。

就像弗兰克·肖特曾经指出的一样："运动员都会有一种共同的心理，那就是不要浪费自己的努力。"节省时间是我计划中十分重要的部分（在别人眼里，我是一个十分重视节约时间的人），所以必须要对自己这种貌似费时的行为做出合理解释，既是说服自己，也是说服别人。为什么在这三个月内，我每天要花上两小时甚至三小时去跑步呢？我的理由是，和聊天或者读报纸比起来，跑步更能令我静下心来去思考。至于在科研方面的停滞几乎可以忽略不计。我在准备比赛上花的时间加起来足够写上一篇小论文，如果是实验论文的话，愿意看的人可能不会超过六个。如果你觉得写论文是有价值的，那一定不会觉得准备比赛是在浪费时间，反过来也是一样。

8 月末时，我结束了森林里的"修炼"，返回伯灵顿，来到佛蒙特大学任教。在上下班的路上，我仍然会长跑。有时还会在大中午跑步，或者日常长跑前先跑上一小段。我想让自己的身体一直处在跑步的状态，所以从来都不步行，即使只是去图书馆，或者去车库的那短短的 50 码距离，也要跑着去。我的身体应当和步行告别，把跑步当作它的日常。在刻意的训练下，它确实习惯了跑步。

对于训练有素的运动员来说，他的行动基本是自发的。除非要找出其中的错误，否则大部分行动都是下意识的行为。有时晚上躺在床上，我会想着自己的步伐，从一个旁观者和评判者的角度，去感受其中的美妙（忽略痛苦这一部分）。这种感觉真好。长跑中哪怕是一个小小的动作疏忽，都可能带来巨大的影响。在跑步的过程中，我发现有意识的想象能缓解肌肉紧张。于是，我在训练时会将注意力集中在小腿、大腿、手臂上，想着让它们放松，这样跑步时这些最重要的肌肉真的得到了放松。跑到 1 英里左右的时候，我通过调控手臂摆动的动作，确保能量不会被浪费在左右摇摆上。

到了 9 月中旬，我离自己的梦想又近了一步。比赛终于要来了！9 月 15 日，因为昨天刚刚跑完一场耗尽体力的训练，所以今天连续跑了 4 个小短跑，分别是 2 英里、7 英里、2 英里、7 英里；第二天，我又跑了 2 英里，然后在 2 小时内跑完 20 英里；第三天，分别跑了 2 英里、10 英里和 2 英里；第四天，先跑了 2 英里，然后 40 英里，用时 4 时 39 分，晚上又完成了 2 英里。我在训练日志上这样写道："在训练 40 英里时，用了 2 时 19 分跑到一半，这时我觉得快要不行了，然后喝了三盒果汁，又找回了状态……精力充沛地跑到了终点。如果每跑 5 英里就喝上两杯果汁，我有信心跑得更远。"

9 月 19 日，我决定给自己放个假，只跑了 10 英里。10 英里跑下来感觉良好，这说明我已经步入正轨。第二天我先跑了 2 英里，然后依然是 7 英里，但速度更快，只用了 41 分 13 秒，比我之前的纪录要快上 16 秒。我在训练日志上写道："起步慢，但跑完并没有觉得很累。按照这个速度，我还能继续跑。"第二天是个阴雨天，我用 1 时 58 分 30 秒就完成了 20 英里的训练，创造了新的纪录，但并没有用尽全力。通常训练时我都会有所保留，这样毅力就能一点点积累起来，像给电池充电一样。

那时我还没有接触到现在这些关于候鸟的研究，也不知道鸟类的生理能给跑步带来这么多启发，但隐隐约约能感觉到，候鸟的长途迁徙其实和超级马拉松的训练有几分相似之处。和超级马拉松中功率的输出一样，鸟类的迁徙也是分阶段的。即使经过训练，它们的输出功率还是会稳定下降，因为随着路程的增加，它们的身体组织（包括翅膀肌肉和心脏）也开始分解，作为燃料使用。在剩余的身体组织里，它们的静息代谢率会骤降 45%！当时我还不知道这点，但能感觉到，训练过猛不仅达不到预期目标，反而可能会伤害到身体。我积极地做着准备，想要在那场比赛中展现出巅峰状态，就像鸟在每次长距离迁徙前的准备一样。

3 天之后（这 3 天我一直都在训练，没有休息），我参加了佛蒙特州艾斯克斯附近举行的预备赛，不是为了获胜，只是想找到比赛的感觉。我没有记录自己的名次（也许是第三名？），而是把时间 54 分 3 秒记在训练日志里；第二天，我计划放松一下，只跑了 7 英里；第三天，我在 20 英里的训练上又有进步，1 时 53 分 30 秒，比之间又减少了 5 分钟，每英里配速是 5 分 40 秒。我在训练日志记录下自己的感受："跑完感觉良好，不是很累。还能按照这个速度再跑 15~20 英里。中途没有停下来喝水。"我的身体正在快速康复，这对于超长跑来说是必不可少的。还有 6 天就是芝加哥比赛了，那时就能释放自我，终结这一切。

在如此短的一段时间内，我已经完成了身体的重建，重拾了信心。那场比赛不再是遥不可及的梦想。我跑得更快，也更远，比我想象中的还要好。如果我能做到的话，那其他任何健康的成年男性应该也没有问题。只要有足够的决心和毅力，我们都能跑出自己的一片天。我知道自己能跑完之前对我来说几乎遥不可及的 100 千米，唯一的问题在于，用什么样的速度？

训练的关键就是要让身体发挥出最大的潜能。所以从某种程度上来说，训练可能会成为身体和心理上的压力。关于压力，科学文献中给出了很多解释，例如压力对健康不利，应当尽量避免等。但我一点也不担心，压力会消耗能量，在生活中是不可避免的。有人认为，心脏的跳动次数是有上限的，所以他们不愿意把宝贵的次数浪费在跑步上。"正常"心率约为每分钟 60 次，虽然跑步（不超过最大速度）会将心率提高到每分钟 120~140 次，但一天之内其余 23 小时你的心率可能就会大大降低，我的就降到每分钟 34 次。所以假设运动带来的压力能被休息所抵消，那么即使锻炼一小时会让心跳增加 4000 次，但第二天能减少 36000 次心跳，相当于日常每天心跳次数从 86000 次中净减少了 32000 次心跳。

我还听过其他有关跑步的争论。一位担心我寿命（或精神状况？）的同事曾经给了我一份关于跑步有害健康的研究文献。文献中声称，跑步会促进压力激素皮质酮的分泌，而这种激素可能会给大脑带来损伤，还会引起其他器官的退化。因此这篇文献得出结论：长期跑步会

　　　　　　　　　　　　　　　　　　人类为何奔跑

损伤神经系统，引发早衰。关于这一点，我也不担心。跑步也会产生其他效果。普林斯顿大学的巴里·雅各布斯和他的同事们在研究神经系统时发现，每天在运动轮上跑步的老鼠会培养出更多的脑细胞，和不运动的对照组相比，它们的学习速度更快。我选择相信老鼠。

大多数研究者没能考虑到时间变量。只有对于不习惯运动的人来说，跑步才会带来压力。经过训练后，跑步就没那么可怕了。对我来说，跑步已经成为一种习惯，毫无压力可言。我要考虑的只是速度或者距离的问题。现在我每天都要跑上 20 英里，这简直太正常不过了。关键在于，这 20 英里并不是一蹴而就的，而是经过锻炼慢慢达到的水平。所以说，时间和时机非常重要。跑步训练带来的压力也不比其他压力更大（我在学生时代就有这样的体验）。如果压力确实会损害神经细胞，那我在学生时代死掉的脑细胞可比跑步多多了。

我也相信羚羊。它们是速度和耐力方面的专家。还从来没见过哪只羚羊能灵活地拉伸，或者为了锻炼去举重。实际上，除了吃东西和奔跑，我也没听说它们还会去做些什么。但如果读了现代有关运动的书籍，比如威廉·D. 麦卡德尔与弗兰克·L. 卡奇、维克托·L. 卡奇合著的一本畅销书，或者蒂姆·诺克斯写的《跑步大全》（*Lore of Running*），那按照书上的指示，我不仅要做拉伸、速度训练和举重，还要热身和跑后拉伸。我确实听到过对这些步骤的合理解释，但我不确定这些解释到底是事实还是道听途说。有抱负的优秀运动员会尝试任何能改善他们表现的方法，不论这种方法有多奇怪，只要听上去有道理就好。假如，一个世界纪录保持者听信了伪科学，开始服用某种草药，其他人就会纷纷效仿。不久广告商蜂拥而至，吹捧这种草药的功能。最后，在没有任何科学依据的情况下，这种草药就变成"神药"。没有任何确凿的科学数据证明（至少我没看见过），一个每天跑上 10 或者 20 英里的运动员，在做到一定数量的拉伸或者举重后，就能提高自己的表现。在我看来，肌肉就像橡皮筋，只有在被拉紧后才能产生力量。如果又长又松，它们的伸缩就不会有效果。我从来都不拉伸。

至于跑步会导致早衰这种说法，目前我也没看到能给出确凿证据的客观研究。至于合理的说法，我倒是可以提供一些。从很多动物实验（从老鼠到猴子）中，我们可以看到减少热量（食物）摄入可以帮助动物保持健康、延长寿命。其中涉及的变量就是热量逆差。运动可以减少多余的热量，所以应当可以起到和减少食物摄入一样的效果。

生活中存在着太多变量，我们很难区分出影响跑步者和非跑步者的到底是哪些，但如果单从长寿的角度来说，很少有人可以和卡尔顿·门德尔匹敌。从高中时代起，卡尔顿就是一名极具竞争力的跑步运动员，他也是缅因州国家队的前成员和缅因暴徒跑步俱乐部的成员。62 岁的时候，卡尔顿在鲍登学院的赛道上跑完了 125.5 英里的距离，创造了老年组的纪录。截至 1999 年，78 岁的卡尔顿已经跑完 126 场马拉松，并且还打算继续跑下去，其中甚至还包括超级马拉松。这种经久不衰的热情来源于享受跑步还是征服跑步呢？我想应该两者都有吧。他是实验样本之一，我也是。这个实验的结果将在未来揭晓。

第十九章　终极准备

　　上帝给了我能力，其余的就交给我了。相信自己！相信自己！相信自己！

　　——比利·米尔斯，来自南达科他州的拉苏族人。这是他在东京奥运会10千米比赛前写下的日记。他在那场比赛中大爆冷门，取得了冠军，同时将个人最好成绩推进了46秒。

　　我希望能在6.5小时内跑完100千米。为了达到这个目标，需要把跑完每英里的时间控制在6分17秒。这样的配速想想就有些吓人。但或许我能做到，否则对不起曾经跑过的这1350英里。于是做完膝盖手术后就开始了训练。刚开始每周只能跑10英里，到了最近五周，每周已经能跑130英里了，我不希望这些努力白白浪费。下个周末就是比赛了，在那之后还有多少个周末能去参加这样的比赛呢？可能再也不会有了。质量胜于数量，一次做对，一次就好，将命运掌握在自己的手上。比赛中不能出现任何错误，只是想想还不够，一定要有强大的意志力，确保一切有可能的问题都不会发生，争取做到一切顺利。

　　训练时我已经做过大胆的尝试：在比赛时摄入碳水化合物或者果

汁。现在我还准备再冒一次险：尝试耗尽碳水后重新补充。如果肝脏和肌肉中的糖原耗尽，它们会进行过度补偿，也就是说在饮食中碳水化合物充分的情况下，身体会储存更多糖原。就像节食后的暴饮暴食，身体会自发地对之前的饥饿状态进行补偿。

这种耗尽碳水的方案存在很大的风险，因为会增加你患上流感或受到其他感染的可能性。通过这种方法，我的糖原储备量会略有上升，但即使没有这多出来的一点点糖原，或许也能有好的表现。但谁又能保证，这一点点的糖原不会带来不同呢？我必须相信自己。

想要采用这种冒险的方案，其实还有一个原因：我打算通过运动和饮食结合的方案来耗尽糖原。不仅要运动，还要严格遵循生酮饮食，以脂肪和少量蛋白质为主食。希望通过这个方法，我还能提升体内脂肪燃烧的效率。

储备脂肪的消耗主要取决于脂肪甘油三酯脂肪酶，这是一种由激素激活的酶。为了能将脂肪甘油三酯脂肪酶从沉睡中唤醒，需要肾上腺素、胰高血糖素、去甲肾上腺素和一点点胰岛素的共同作用。运动、饥饿和饮食都能够加速这种作用的发生，使其活性提升两倍甚至三倍。除此以外，对于比赛的这种期待和兴奋也能影响到激素的作用。肾上腺素的分泌会提升脂肪酶的活性，减少血糖的利用，增加糖原储备，推迟疲惫感到来的时间。

不是所有的超级马拉松选手都认同耗尽碳水这种方法。有人问及超级马拉松选手吉姆·皮尔森跑 50 英里比赛的饮食方案时，他这样说道："我曾经被一个吃花生酱三明治的人打败了。他穿着一件 T 恤，背面写着'我宁愿吃虫也不愿挨饿'。"我开始执行生酮饮食方案，每天只吃一点黄油、花生酱、奶酪和肥肉。几天之后，开始觉得恶心，甚至觉得虫子可能都比这些食物好吃。现在回想起来，我不会推荐这种做法，后来我又尝试了两次，结果换来了一场严重的感冒。比赛的前几天，我一直躺在床上养病，自然也没能取得好成绩。

9月28日晚，训练日志上留下的文字：吃得很好。那一天，我在20英里的训练中又创下新纪录：1小时53分。我精力充沛地跑完了全程，感觉很棒。按照这个速度，应该还能再跑15到20英里。跑每英里用时约为5分39秒，再加上跑步时分泌的肾上腺素，我应该能在100千米中跑出理想的节奏：每英里6分17秒。100千米，这是我跑过最远距离的2倍还要多。30英里之外就是一片未知的领域，是否能坚持下来，我也不知道。所以我把赌注押在之后的20英里训练上，也就是明天要完成的训练，希望能加快碳水消耗的速度。明天是9月29日，离比赛还有6天。

9月29日的训练是我耗尽碳水的最后一次尝试。那天的训练其实有些吓人。早饭只吃了奶酪和花生酱，然后开始跑两大圈，一圈20英里，中间除了喝水没有任何休息。一开始，我保持着每英里7分钟的悠闲节奏；到了25英里的时候，开始"觉得虚弱"；到34英里时，觉得自己还能再"坚持一下"。但是35英里的时候，已经撑不住了，脚步凌乱、身体晃动，只好转为步行。这里是我的极限了。

这样的极限只要出现几次，就会播撒下怀疑的种子，长出藤蔓，牢牢地占据你的大脑，扼杀掉你的意志力。毕竟我的目标不仅仅是参加比赛，不是去赛道上散步，而是要跑完全程。因此，对我来说唯一重要的事情就是速度。不过这种力竭的状况确实经常发生。训练时刚跑上一小段，就精疲力竭，觉得自己再也跑不动了，连眼前的这5到10英里都无法完成，更别说还有后面那30多英里。此时，面对身体和心理的双重折磨，你会想要放弃，但最终还是决定继续前进，你告诉自己你能行。只要接着跑下去，其余的就交给命运吧，希望比赛时能有所提高。虽然力竭总是让人沮丧，但这次让我稍感欣慰的是，我终于达到了想要的状态：耗尽了碳水。假如时光可以倒流，我可能不会再这么做了。埃德·埃斯顿在2000年8月刊的《跑者世界》（*Runner's World*）中介绍了最新的运动理论（大部分都来自严谨的科学研究）。要想增大跑步的距离，不应该像我一样在比赛前的一周逐渐加大训练里程，而是应该缓慢减少训练里程，最好在比赛的三周前，每周减少20%的跑步距离。"减少的距离根据你要参赛的距离而定。"显然，我没有读到过这些建议。

我的生酮饮食法又坚持了一天便宣告结束。10月1日早上，跑完9英里之后，我感觉良好。到目前为止，我的能量来源可能都是脂肪，所以现在的结果还挺让人满意。我正在逐渐克服生酮饮食带来的恶心感。为了给肝脏和肌肉补充碳水，从早餐起，我开始狂吃面包、意大利面、饼干和麦片了。

距离比赛还有两天，这两天里除了吃，我就不用做什么了吗？要完全停止跑步训练吗？时至今日，我一直在给身体灌输跑步的理念，不想让它在这两天内忘了跑步。虽然不能确定，但我认为猎人们为了追捕猎物而长途跋涉，在捕猎结束后，他们的能量消耗和储存模式都会发生改变。对我来说，我的"捕猎"还没结束，所以每天仍然会慢跑两圈，速度很慢，一次只跑2到3英里，就这样坚持到比赛的前一天晚上。我希望能保留那些好不容易积累起来的碳水燃料。最后，终于如释重负，确实没有什么需要做的事了。我已经把该做的都做了。

这三个月来，我一直觉得自己太壮实，但神奇的是，10月1日的日志中却这样写着：在跑9英里之前，我的体重是142磅（补充完碳水后体重增加了至少5磅）。这是我整个跑步生涯中（包括高中）的最轻体重。究其原因，我想这就是碳水耗尽的结果。

我已经瘦了，自己却浑然不知。一年以后，再看这段时间拍的照片时，差点都没认出自己。我一直以为自己不可能那么瘦，一定是摄影师用了某种PS技巧才把我拍得这么瘦。我对自己的跑步能力也没有信心，总觉得自己跑得太慢，也不够远。

比赛的前一天，我和妻子玛格利特一起飞到芝加哥。我们住进比赛起点附近一家位于密歇根湖畔的旅馆。晚上，我出去慢跑了一圈，距离不长，顺便看一下起跑线，提前熟悉下场地。

比赛举办方组织了一场赛前聚会。我猜测，聚会上肯定会有官员和名将们的演讲，所以就没去。听完他们的长篇大论，体内的肾上腺素一定会激增。我可不想在这种场合浪费宝贵的肾上腺素，它们还要在明早的比赛中发挥用途呢。我也不知道那天晚上有哪些人出席了晚宴，不过在后来的赛前研讨会上，听说有来自芝加哥的唐·保罗，他预测"这将会是一场激动人心的比赛"。克勒克也回归了，可能是想在这次100千米比赛中创下新的纪录。晚上还有一场丰盛的晚宴，但对我来说时间太晚。比赛会在明天早上7点举行，所以我希望自己的碳水大餐——我带了很多已经煮熟的意大利面，装在一个罐头里，还带了酵母面包卷——能在 6 点之前被清空。我不能带着一肚子吃的跑完前 62 英里，路上一旦有任何停留，都会打乱我的计划。我计算了下消化所需的时间，发现自己必须要在下午 5 点之前吃完晚餐。

为保险起见，我设置了两个闹铃：一个是自己的，一个是酒店的叫早服务。不这样做，我就很难安心入睡。第二天，闹铃如期而至，叫早电话随后也打了进来。我起得很早，这样就有好几个小时的时间来消化早餐：酵母面包卷和装在保温杯里的咖啡。吃完早饭后，我们退了房，拿着行李来到起跑区域，准备比赛一结束就直接飞回家。我得抓紧时间回去工作。

我穿的是耐克玛丽亚系列跑鞋。这双鞋很窄，非常轻便，这也是我选中它的原因。为了能减轻更多的重量，我连袜子都没穿。袜子不仅本身有重量，吸收汗液后会变得更重。连续跑上六七个小时后，你的脚肯定会闷得难受，所以我特意用刮胡刀刀片在鞋子上扎了一些透气的小孔。在不穿袜子的情况下，鞋子里任何一个小的凸起都会特别硌脚，所以在训练时我经常会不穿袜子，穿着这双鞋子来磨脚，希望能将比赛时的不适感降到最低。我的短裤也经历了训练时的考验，但为了以防万一，我还是在大腿上抹了点润滑油。

到达起跑区域的时候，天还没亮。赛场上几乎空无一人，有那么一瞬间，我还以为自己找错了地方。不过，很快就在昏暗的路边看到几个正在慢跑的人。湖面上吹来清晨的微风，越来越多的人赶到这里。和我一样，他们都有着各自的梦想，也经过了长时间艰苦的训练，从美国和加拿大各地赶到这里，准备将梦想付诸现实。有人想完成比赛，有人想挑战自我，有人想取得胜利，有人想展示自我，还有人想创下纪录。

　　我的教练杰克·坎尼带着一箱蔓越莓汁也来到起跑线这儿。我把我的塑料杯递给他，嘱咐他把杯子倒满后放到 10 英里来回的跑道上，这样我至少每隔 5 英里就能喝上一杯。我会尽快喝完，留下杯子，他会取回杯子，倒满蔓越莓汁，在下一站等着我。我已经按照比赛的速度和他演练过几回杯子的传递了。

　　到了 6:50，起跑线附近已经聚集起一大堆选手，很快 261 名参赛选手都就位了。时间一分一秒地流逝着，有人还在被白线隔起来的人行道附近做着拉伸和热身运动。比赛即将开始，选手们都来到起跑线后，有人继续做着拉伸，有人跳动着跑来跑去。太阳已经从地平线上升起，一阵微风吹来，带来清晨的凉意，我们都有一丝发抖。

　　要不要现在就把我那破破烂烂的蓝色纯棉运动长裤和运动服脱了呢？经过一番激烈的思想斗争，我终于在最后一秒钟扯下了裤子。虽然有点冷，但是如果等跑起来再脱，可能会浪费好几秒的时间。上衣就先留着，反正脱起来也快。

　　我们在起跑线后挤作一团。我们中的"羚羊"，世界纪录保持者克勒克、保罗以及其他优秀的超级马拉松选手几乎就贴在起跑线的后面，他们的跑鞋都快要碰到起跑线。我，一个无名之辈，站在他们身后，也在尽量向前挤。奇怪的是，现在的我反而很平静，甚至有种如释重负的感觉。终于站在了起点，几个小时之后，这一切就会结束。

　　对于别人来说，这次比赛将是一次难忘的经历，但对我来说，这不仅仅是一次经历，更是一次科学实验。因为我借鉴了从大量动物实验中得出的结果，还加上个人的经验。我试图将两者结合起来，达到某个特定的目标。我做了所有能做的事情，对此，我感到很满意。

　　离比赛开始只剩下几秒钟了！赛事总监还在那里介绍赛场、规则和救助站等信息。有的选手安静地听着，有的选手仍在焦躁不安地跳来跳去，做着拉伸，或者反复拍打着自己的胳膊。我向旁边的人伸出手，并说道："祝你好运！""你也是。"他回答道。然后我弯下腰再一次检查了鞋带，确保它们在系紧的同时不会勒到我的脚。找到合适的松紧度真是太重要了。

第二十章　梦想中的羚羊

你不是在和那该死的秒表赛跑，听明白了吗？一个运动员永远都是在和自己赛跑，去战胜最好的自己，战胜世界上一切的腐朽。如果可以的话，去战胜上帝吧！

——比尔·珀森斯，小说《比赛》中虚构的教练

"各就各位，预备！"刺耳的发令枪声响了起来。在过去的二十年间，我已经听过数百次这样的枪声。但这一次的枪声却和以往都不一样。我已经41岁了，这样的机会不会再有第二次。想想其实有些吓人，不过还是安慰自己，虽然这是我最后一次努力，但一定会做到最好。

克勒克和前排其他选手像被狼追赶的羚羊一样飞奔了出去。冷静！冷静！我在心里暗暗告诫自己。不要受到他人的影响，这是我同自己的比赛，要按照自己的节奏来。我试图排除脑海中的杂念，因为想要达到每英里6分15秒这么快的速度，需要高度集中注意力，像一只骆驼一样，心无旁骛地前进，只不过速度要快。虽然在肾上腺素的作用下，我感到精力充沛，但要确保自己起跑的速度慢于平时训练

的速度。赛道旁的计时器会在1英里、5英里、10英里处报出比赛已用时间。我通过听计时器的报时检查自己的速度是否达标。

一英里跑完了，但这只是比赛的开始。我用了六分零几秒，比预想的快了一点点，但也符合我的预期。和我并排跑的是雷·克劳勒维齐，超级马拉松赛中的"骆驼"。他想和我聊天，但是我既顾不上听，也没时间说。很快我就超过了他。前面还有一大堆人，才跑了三四英里的距离，我已经看不到领先的那群选手了。

杰克正在第一个补给站等着我。我一把抓过他递过来的果汁，一饮而尽，丢掉杯子，继续向前跑去。我试图保持着和之前同样的速度，因为获胜的关键就在于：不加速，不减速，不到终点不停止。当然，更重要的是，要保持自己的节奏。对了，还要有信念。

我喝下尽可能多的果汁。脂肪代谢为身体提供了续航能力，但我还是需要尽可能多地去使用碳水化合物（不论是来自肌肉和肝脏的糖原，还是从消化道吸收的糖）来提高速度。不过还是担心有点喝多了，因为我不知道体内水分流失的速度。出汗量会受到温度和速度的影响，两者似乎都在快速增加。

到10英里的时候，我紧张地听着计时员的报时。我的用时是63分10到15秒，相当于每英里用时6分20秒，这比我预想的慢了1分钟。我的脑海中立刻敲响了警钟，但是理智告诉我，现在慢一点总比后面慢要好。克勒克和保罗就像羚羊一样飞快地穿过10英里的标志，他们已经领先我整整8分钟，这还是在我已经全力以赴的情况下！不过我面对的可是克勒克，一个从去年起就开始称霸超级马拉松的优秀选手。有些优秀选手喜欢采取掌控全场的方式来赢得比赛，比如已故的史蒂夫·普雷方坦，他们会全程领跑，吓退其他选手，然后用毅力支撑跑完全场，不过这显然不是我的风格。

我试着稍微提了一点速，想要回到一个比较平稳的速度。我做到了！后来得知我完成前四个 10 英里的时间分别是 1 时 03 分 16 秒，1 时 01 分 31 秒，1 时 01 分 33 秒和 1 时 01 分 03 秒。

在第一个 10 英里快结束时，我的头脑仍然十分清醒，能继续专注于跑步本身。在超级马拉松中，跑着跑着你的身体就会进入自动反应的状态。我不急着这么早进入这种状态，因为离终点还有 52 英里。

竖起大拇指，不要让手腕塌掉，我对自己说道。动作必须维持在前后方向，减少上下运动的幅度。尽可能不要提高膝盖。我把目光锁定在各个动作上，确保动作的流畅协调。现在，放松，放松，保持放松。就这样，我指导着身体，想象着大腿、小腿和手臂的放松，一直跑了半英里。然后将注意力集中在腿上。疲劳感会带来低效的动作。放松，将每条腿向远处伸去，同时放松所有的肌肉，只有这样相关的肌肉才会工作，让肌肉各司其职，得到放松。就像熊蜂的振动效应一样，熊蜂振动翅膀，不费力气却能消耗能量，产生热量。我想着右腿的迈步和左臂的挥动同时进行。大约跑了四分之一英里，我感受到了那种节奏，然后将注意力放在另一组上。偶尔地，我也会改变步伐的长度，让肌肉适应不同程度的伸缩，就像蛙在鸣叫时会改变叫声的长短一样。我步伐的节奏十分稳定，和心跳一样，自动和我呼吸的频率相吻合。休息的时候，下意识总能感到自己的心跳。每次吸气对应着一到两次的心跳，每次呼气也是如此。跑步时，我能感受到自己的呼吸。就像心跳一样，呼吸的节奏通常也是自发的，和步伐的节奏吻合。

我喜欢这种稳定而强烈的节奏感，有时也会有意识地去聆听这种节奏，三步对应一次长长的吸气，四步对应一次短暂的呼气，如此循环往复。这就是身体的咒语。有时我会改变这种节奏，吸气的时候只迈两步。我可以有意识地进行转换，但这种转换通常发生在发力时。发力越猛，呼吸越长，呼吸次数随之改变。节奏带来了一致性，一致性又转变成流畅性，流畅性则意味着能量的节省。经过几万英里的训练，我已经将身体调节到最适合的节拍。这时我才意识到训练所带来的成果，就像呼吸的节奏一样，自然而然地发生了。训练的辛苦我早已忘记，只有这种和谐的节拍仍然存在，这种感觉真好。

与此同时，克勒克继续扩大他的领先优势。我已经跑到了一个站点，抓起果汁正要喝，这时听到杰克大叫道："他要打破纪录了！"应该就是克勒克100千米的世界纪录。去年他已经在50英里上创下令人惊叹的世界纪录。"你现在就是飞，也赶不上他了。"杰克继续说道。这时我已经喝完果汁，放下杯子正准备出发。杰克这么说可能是想提前安慰我，怕我失望，也可能是为了防止我多想。

时至今日，他的话仍时不时浮现在我的脑海里，我想我会一辈子记得这句话。在当时，他的话还是让我多少有些泄气。克勒克确实是一位令人望而生畏的选手。如果我无法战胜他，即使仅仅在这一场比赛中，很显然我也就没法创下全国纪录。想要成功，需要仰望星空，但最终还要脚踏实地。只要尽自己所能就行了，我这样安慰自己。奋力一搏，就是我能做的一切，这也是我能掌控的事，甚至是最为重要的事。不过，万事皆有可能。任何错误，不论多么微小，都会在后面的10英里、20英里、30英里处突显出来，成为所有人的噩梦。所以鹿死谁手还未可知。我想起了二十年前缅因州欣克利的伯特·霍金斯……

到达下一站的时间是 2 小时 42 分。我又找回了节奏，不过此时克勒克早已远远超过了我。我没有打算追上羚羊。不可为了一时之快，而逞匹夫之勇，否则就会成为倒在路边的伤员。一旦你加速到呼吸困难的地步，就意味着动用了太多碳水化合物储备，已经进入到无氧呼吸的范畴。此时，体内的乳酸会迅速堆积，超过心血管系统所能代谢的范围，像是堆积在汽车齿轮里的沙子，最终让整辆车停止运转。别加速，别减速，最重要的是，别停下来……

很快，比赛变得愈发艰苦，越来越难。但我却弄不清自己在减速还是加速。我只是愈发努力，慢慢地超过了一个又一个选手。我用前面的选手来激励自己继续前进。前面有一人，追上他，超过他，好的，下一个。

我又经过了杰克。他大叫道："保罗已经退出比赛了。克勒克的势头仍然不减。"

现在，就连蔓越莓汁都变得难以下咽。我既不觉得渴，也没有想喝的欲望，但还是强迫自己喝了下去。除了痛苦的疲惫感，我已经丧失了其他感觉。身体内响起了疯狂的呐喊，让我就此停下。如果不略施小计骗骗它，它是不会善罢甘休的。

想要让自己振作起来，就必须对身体进行"自我欺骗"。这时要用到逻辑。逻辑其实更多被运用在控制和引导低级情感上，而不是解释真理上，如果没有自我欺骗的逻辑，人们就不会做出疯狂的事情，例如想看某人连续不停地跑上 62.2 英里，能跑得多快。最终我们的逻辑会变得非常怪异，如果从理性的角度去看，可能让人觉得匪夷所思。这种情况会不可避免出现在马拉松的途中。当赛程过半时，你可能不由自主地问自己，为什么我参加这场比赛？为什么我会在这里？为什么？没人能给出答案。

这时，就需要一种强大的信念，一种由忽略、有意的无视、希望和乐观所组成的信念。它与逻辑相悖，却能让我们努力奋斗，继续前行。也许这就是人脑和电脑的区别。也正是这种信念支撑着我们的祖先锲而不舍地追逐羚羊，直到把羚羊累瘫为止。

"要想在马拉松比赛中取胜，"全世界最优秀的马拉松选手唐·里奇曾这样说道，"你必须进行足够的训练，还有合适的心态，换句话说，要像个疯子一样。"我已经做到了第一点，但是第二点呢？全国上下还有比我更疯狂的人吗？还有比我更努力的人吗？我扪心自问道。答案是可能有，所以我再次发力。我疯了吗？也许。但我必须要对自己和他人的能力做出正确的判断，不宜妄自菲薄，也不能夜郎自大。当然也要以事实和经验为根据。就像约吉·贝拉曾经说过的："赢得棒球比赛有百分之九十的心理因素，剩下的才是生理因素。"

距离比赛开始已经过去了四小时，阳光开始变得灼热，风力也逐渐增大。每隔几英里，杰克都会拿着装满蔓越莓汁的杯子等着我。我抓过杯子，挤出果汁，一饮而尽。扔掉杯子后，我感到一阵轻松，手臂终于又可以自由挥舞了……"克勒克正在减速。"出发之前我仿佛听到杰克说了这样一句话。什么？减速？真的吗？我没听错吧。我还在超越其他选手。又过了 5 英里，又喝了一杯蔓越莓汁。"你已经是第二了……"杰克告诉我。那又怎样？我心里想着，克勒克还在我前面好几英里的地方呢。

每次的果汁传递都像是一场欢迎盛宴，意味着又完成了 5 英里。

其实我并没有觉得口渴，但还是一杯接一杯地喝了下去。在平常的训练时，我经常会在不口渴的情况下丢失大量的水分。口渴的感觉则通常会慢半拍。

"他快不行了！"在又一次的果汁递交中，杰克对我说道。我没听错。这时，我想到了比利·米尔斯——一个无名之辈，却在奥运会 1 万米比赛的最后一圈率先冲到了终点。他一遍又一遍地对自己说道：我能赢！我能赢！我能赢！突然之间，我浑身一阵颤抖，好像被杰克那短短的一句话电到一般。尽管我的身体越来越虚弱，但现在支撑着我继续前进的是一种类似精神的力量。虽然我也不知道这股力量到底来源于何处，但能确实感受到它的存在。我还有机会！去完成貌似不可能的事。我是无名之辈，我现在也正准备要冲出去，去追上他！我非常了解克勒克现在的处境，因为我很清楚那种跑到几乎生不如死的感觉。最近一次的体验是在上周。我知道，克勒克绝对撑不过 50 英里，而我却可以。

兴奋起来吧！是时候让肾上腺素活跃起来了！我想起了越野赛队伍中的迈克、布鲁斯和弗雷德。想起他们在跑步时的咆哮、大笑和口号："要像野兽一样勇猛！"不到终点线，领先多少都没有意义。两年前的旧金山马拉松比赛中，当我还在终点线大约 1 英里以外的地方费力前行时，听到了观众席传来的窃窃私语："冠军来了，是他，是彼得·德马里斯！"德马里斯已经把我远远甩在身后，但是我还没有准备就这样认输。于是开始提速，奋力向前。我的身上充斥着莫名的力量，带我一路飞奔。我的过线时间并不算突出，但第二天（1979年 10 月 29 日）《旧金山观察家报》（*San Francisco Examiner*）却登出了这样的头条《金门大桥马拉松的最后大逆转——无名之辈的胜利》。我就是那个无名之辈。像我这样的人还有很多。任何人都能成为这样的无名之辈。今天我是冠军，但未来我也可能被别人超越。德马里斯就是在终点线前被我超越的。

运动中，肌肉对能量的利用主要由肾上腺素、去甲肾上腺素、促肾上腺皮质激素、胰高血糖素、甲状腺素所控制，而这些激素又会受到大脑的反馈调节。显然，现在我不会去想这些激素，也不会去想它们的反馈调节，但是超常的表现需要超常的生理机制。我该怎样做才能变得超常呢？我不由自主地想起那些我所尊敬的人，试着用榜样的力量激发我的潜能。

我想到了老左——老左·古德。那时的我还是个送信的小男孩，每天背着邮件袋往返两趟。老左在邮局里能和我聊上好几个小时。他会用灰白色的眼睛盯着我，告诉我德国人是如何突袭了他们的边防线，用枪指着他们，要到香烟后，就把他们放了。我的脑海中浮现出老左在医院里时的场景。他躺在担架上，几个护士推着他向前走。老左颤颤巍巍地用一个胳膊撑起自己的身体，咧开嘴笑了："我能打爆你们的脑袋！"他是想告诉别人，不要同情他。他曾经可是一位伟大的拳击手。这勇敢而又虚弱的手势也展现着他的气度，即使现在躺在床上，失去了行动能力，他仍然还保留着这股气势。老左还和我这个小孩子讲了其他故事：他将自己的断腿扔向敌人，一直战斗到最后一刻……我的思绪飘向了远方，关于回忆，关于人生……接着想吧，直到终点……我又看到了老左，这一次他穿着军服，两手交叉置于胸前，就这样静静地躺在穆迪教堂的棺材里。穆迪教堂我已经去过不下百次了，每周六下午跑进森林里前，我都要去那里。想着想着，眼泪涌了出来。老左还担当过小乔治·史密斯·巴顿将军的私人保镖。巴顿参加过1912年的奥运会，他曾经说过："想要打胜仗，必须要让思想支配身体，绝不要听从身体的指挥，身体总会轻言放弃。"身体只能走一小步，思想却能跨越一大步。坚持，跑到那棵树旁……

我的一生全都被浓缩进这短短的几小时内。过去、现在和未来聚成一团灼热的火球，仿佛我的身体在逐渐缩小，思想却变得愈发强大。眼前的地平线也越来越模糊。我慢慢地滑向痛苦的深渊，但仍然努力抬起头，将目标锁定在前面的一棵树上。保持节奏，向那棵树前进。到了之后，我会对自己说一句："恭喜！你做到了！"然后接着跑向下一棵树。每次一小段距离，以后我再也不会去跑这样的一小段距离了。所以，把握当下，现在的每时每刻都很重要。

我仿佛已经在森林里待了一百年，锲而不舍地追逐着一只白尾雄鹿。终于，我已经接近它了。我可以的，千万别搞砸了。这是有史以来最为漫长的狩猎，最大的一头鹿就在前方。它就是道路前方的那条白线。我锁定了目标，奋力前进。

终于在50英里的末尾，杰克兴奋地大叫道："克勒克已经不行了！你是第一，其他人都还在后面老远的地方呢！"还有12英里，我抓过蔓越莓汁，加快了速度。我的意志更加坚定，如果能第一个冲过终点线，那我应该加倍努力，因为只要坚持下去，现在的我就有机会创下纪录。当然，一切皆有可能，肌肉拉伤、可怕的撞墙效应、脱水、膝盖扭伤……一切还是未知数。

　　这场狩猎终于接近了尾声。我想要抓到的猎物将会是一串数字：我的到达时间。时、分、秒，由冒号隔开。这个由我创下的数字将会伴随我一生。也许应该把它刻在我的墓碑上，毕竟简单的出生和死亡日期说明不了什么，在这两个数字中间的事情才是对一个人最重要的描述。现在我得到了一个纯粹的数字，这个数字将会定义我动物的本能，衡量我的想象力。它的价值无法用金钱来衡量，在它面前，其他所有的荣誉都黯然失色。之所以无价，是因为它摆脱了评论、偏见、嫉妒和无知的限制，成为我们理想中的生活。

　　不要忘记宝贵的过去时光。我已经41岁了，就像猫有九条命一样，用掉一条少一条。作为运动员，我已经快要走到职业生涯的尽头。我的背伤、两次膝盖手术无时无刻不在提醒着我这一点。骨科医生的话至今还回响在我的耳边："你要再这样跑下去，膝盖就废了。"

　　"我还能再跑多久？"我问道。

　　"这个我也说不好。也许是明天，也许还能持续二十年。"

　　"如果我坚持要跑步呢？"

　　"会发生什么，我也不知道。"

　　"既然如此，"我这样告诉他，"那我要充分利用这段时间，锻炼身体，好好地跑。"我确实这样做了，获得了波士顿马拉松比赛的冠军。（不运动对我从来都没有好处。在我四十年的跑步生涯中，还遇到过其他三次类似的劝阻。）

　　一个瘦高男子的形象突然出现在我的脑海里。他正走在伯克利的校园里，脸却不见了，是被那场大火吞噬了吗？这些英勇的战士们，其中有很多还是我的跑友，面对火情义无反顾地冲了上去。和他们的勇敢相比，我是多么渺小。现在，我还要因为一点疲劳就抱怨个不停？

我深深地吸了一口气，湖畔新鲜纯净的空气涌入肺中。经过了几个在赛道旁散步的人，他们正专心致志地看着我们。其实我们也没什么好看的，浑身臭烘烘的，眼珠子都快要瞪出来了……跑步运动员不需要面露微笑，不需要梳妆打扮，也不需要任何人的评判。所以每次当我们看到奥运会上那些跳水运动员、体操运动员和滑冰运动员站在场上等待分数牌的时候，总会觉得局促不安。

每次一小段距离。一步，又一步，每一步都很珍贵。每一步都是鲜活的，因为鲜活的脚步才能抵御惰性。我试着调动出所有的情感体验，想要打败内心的冷漠。为什么？为什么？这些真的都不重要，为什么我要关心自己或他人的输赢呢？如果我获胜了，6 时 30 分，6 时 31 分，甚至是 8 时 30 分，这些时间又有什么区别呢？除了我自己，没有人会了解这其中巨大的差别。

我已经开始穿越那些落后我好几英里的人。一旦混在一起，观众就无法分辨出到底谁领先，谁落后。现实生活中不也正是如此吗？

"痛苦是意识的唯一来源。"陀思妥耶夫斯基这样写道。我的意识在清醒和昏沉之间徘徊。有时，我想到一些宁静的场面——和我现在完全相反的场景。我幻想自己躺在小木屋旁的草地上，和儿时的小伙伴菲尔一起戏水。黄昏时，我们还在缅因州北部的大森林里钓鱼。我试图去感受脑海中的鸟、森林和人。这种能力被我的朋友霍华德·埃文斯（也是一名生物学家）描述为"唤醒记忆的能力"，他认为这些闪烁的画面"可以缓解一小时的压力或者打发一小时的无聊时光"。

现在我又开始唤起这些画面了。在贝茨大学参加州立比赛的时候，我看到了菲尔。他开了30英里的车，从威尔顿（这个小镇上充斥着隆隆作响的纺织厂。每天，菲尔都会早起，背着他的黑色午餐桶赶往工厂。桶里装着一个保温杯和一块三明治）赶到刘易斯顿，就是为了看我的比赛。从来没有人为我做过这样的事。为了他，我也一定要打败全州最强的对手，赢得比赛。获胜之后，菲尔兴奋地跳到了他的卡车上，然后……吐了出来。现在，菲尔，我也在为你而战。我看到你躺在床上，癌症已经将你折磨得不成人形。你连动一下都很困难。"现在我可用不了锄头喽！"你慢吞吞地说道。小时候，我曾经锄过好几百排种玉米和豆子的地，很多都是在你家的花园里。"带我去博格溪吧。"你用虚弱的声音恳求我。你想离开病房，去我们最喜欢划船的小溪。我们曾在那里找到了内心的安宁。

现在我又陷入另外一种感情：羞愧。你是想我们俩掀翻小船，好让你在那自杀吗？面对他的请求，我选择了装傻。你在病床上又痛苦地躺了两周才停止呼吸。除了盯着天花板，你什么都做不了。如果现在能和我一起，你是不是也会特别珍惜呢？假如我像你一样躺在床上，也会特别想念此时此刻的感觉吧……

我的心怦怦直跳。快转弯了吗？接下来我又用一些愉快的画面分散自己的注意力。我们在肯纳贝克河上划着船，悄悄地绕过一个浅滩，顺流而下，穿过友谊中学的花园。看着锦龟半没在水里的木头上努力爬行的样子，我们忍不住都笑了起来。河边梭鱼草的蓝色小花开得正旺，胡蜂在花间盘旋，梭鱼潜伏在荷叶下蠢蠢欲动……我的孩子们也会看到这些美好的场景吗？十岁的女儿埃丽卡和她的母亲搬回到加

　　　　　　　　　　　人类为何奔跑

利福尼亚。哦，埃丽卡，我的埃丽卡，我爱你，我爱你……我的身体开始颤抖起来。获胜还不够，我一遍又一遍地告诉自己。几个月来，我在训练的时候根本就没考虑过纪录的事，因为最终这都不重要。只要努力做到最好就行了。

我继续向前推进。看上去，我第一的位置已经无人能撼动，但在实际生活中，这样的事情很少发生。

现在我感觉我的身体已经不属于自己了。路况变了，两棵树之间的距离逐渐变长，地面也更硬了，景色变得模糊起来。赛道两旁已经没有了路人，等在前面的只有10英尺、5英尺的人行道和我的猎物——终点线——以外，再无他物。宇宙在收缩、收缩，赛道和终点线，它们就在那里。为了这次比赛，我跑过的距离可以绕地球好几周。现在如果不尽快跑完通往下个转点的100码，可能就会以1秒之差和机遇失之交臂，因为我会经历更大更长时间的痛苦。向那棵树前进……

我从来都记不住完整的歌词。为了在比赛中分散自己的注意力，我还练习了凯特·史蒂文斯的一首歌。"夏日来去匆匆，在梦想的云朵下飘浮，穿过破碎的太阳，在这片旅行的土地上，我已经跑得太久……"我需要一剂猛药。画面，再想些什么画面呢？森林里的小木屋、宁静的树林、黄昏中鸟儿的歌唱及它们史诗般的迁徙壮举，清晨草地上的露珠、泥滩中杜鹃花上嗡嗡作响的昆虫、去年春天飞来的鸭子和它们在水潭里兴奋的鸣叫……记忆、渴望和分散注意力的事情推动着我一直向前。

当我绕过弯道离终点只有两三英里的时候，只有一个强大的信念在支撑着我：马上就结束了。我的速度稍微快了一点，想要趁着这种

"快要解脱"的东风再冲刺一把。事实证明，这种驱动力比其他因素都要有效。不过，虽然终点线就在眼前，我甚至能看到那里的人群，却突然有些患得患失，担心有人会在最后关头突然冒出来，铆足了劲冲到我的前面或者我的纪录和别人不相上下，只是日期不同。

很快，我就看到了奖励——赛道前方的白色终点线。100英尺、50、10……最终，一切都结束了。我成功了！我来到了天堂，仅仅只是站在这里，就让我获得了无限的满足。

那我最终是怎样冲过终点线的呢？有人觉得可能我会举起胜利的双手，像疯子一样冲过终点线。那你就错了，当时我已经累到连一根手指都抬不起来。一种温暖安静的感觉包围着我，然后就一屁股坐到树荫下一片柔软凉爽的草坪上。我的心脏仍因最后一段的冲刺而狂跳不停，但却感到一种前所未有的满足感。

在那座高高的金属奖杯底部，刻着"100千米冠军"的字样，再往下是"1981年全国冠军"。这座奖杯装满了我的付出。就像追逐羚羊一样，我们要接受耐力的挑战，并且在长跑中克服障碍。这也是在生活中能体验到的最美好的事情。

贝恩德·海因里希穿过终点线。1981 年 10 月 4 日，芝加哥，伊利诺伊

后记

运动中的东西比静止的东西更容易引人注目。

——莎士比亚《特洛伊罗斯与克瑞西达》

每次长跑都像是一次狩猎，虽然目标各不相同，但也有着很多相似的地方。我的这次超级马拉松比赛也和其他大多数跑步一样，有很多共同点。比赛结束后，我觉得自己像一名猎鸟者，将自己的捕猎名单又划掉一个珍稀鸟类的名字。

如同那些稀有的鸟类一样，超级马拉松也是一种可遇不可求的存在，不是每个人都能亲眼目睹、亲身体会的。虽然《超级马拉松》（*Ultrarunning*）基于我在芝加哥超级马拉松赛中的表现将我评为 1981 年的年度优秀男性运动员，但《芝加哥论坛报》（*Chicago Tribune*）却根本没注意到我。在为本书做调研的时候，我发现他们在 10 月 5 日周一的报道上面只是简要地介绍了明尼苏达州的巴尼·克勒克和佛罗里达州的苏·艾伦·特拉普——分别是 50 英里的男女冠军。尽管 100 千米比赛时，我跑到 50 英里的时候，比特拉普要快上 4 分 37 秒，但我的名字并没有出现在报道中。虽然这也没什么，但确实能说明一些事实。

　　从媒体和观众的角度来说，超级马拉松的观感就像是——引用一位尖锐的观察家的话——"观看油漆干掉的过程。"不过这话也不准确。马拉松和其他运动一样，都是对生理和心理的挑战，但它不仅仅是人们眼中所看到的那串时间。我在写这本书时也觉得很有压力。之所以选择芝加哥的这场比赛，是因为那是令我印象最深的一场比赛，同时也最受鼓舞。在那场比赛时，我就想过在未来的二十年间，写本书来记录这场比赛。这在当时真是个奇怪的想法，不过现在二十年就快要过去了，我想了起来，于是开始动笔。

　　在我的预想中，比赛会十分激烈，快到终点时我会和一堆人争相冲过终点，但现实情况却是我一个人孤独地到达终点，比第二名快了将近 20 分钟，我的老伙计雷·克劳勒维齐获得第三名。我的官方认证成绩是 6 小时 38 分 21 秒，比弗兰克·包詹尼克在北美 100 千米公路赛的成绩快了 13 分钟。在接下来的 19 年间，有 4 位北美人曾超越过我的纪录。最近的一次是汤姆·约翰逊，他将 100 千米的时间刷新到了 6 小时 30 分 11 秒。我从第二名的成绩在克勒克后到达了 50 英里点，用时 5 小时 10 分 13 秒。这个时间后来被 6 位北美选手超越。加拿大的斯蒂芬·芬尼克比我仅快了 3 秒，唐·保罗虽然在 1981 年的比赛中很早退出比赛，但是在后来的比赛中，他却以 2 秒的优势超越了我。

　　我跑完 50 英里和 100 千米的时间，不论在当时还是现在，都是 40 岁以上选手的最高纪录。

　　写这本书的时候，我联系到国际超级马拉松协会的前技术总监安迪·米尔罗伊。他给我发了一封邮件。邮件中这样写道：

把你的 6 小时 38 分 21 秒 100 千米用时放在全世界范畴来看……加拿大的理查德·乔伊纳德在 1979 年 7 月 21 日和 22 日的蒙马尼比赛中跑出了 6 小时 36 分 57 秒的成绩，但这个成绩仍然有争议，所以你在 1981 年 10 月 4 日芝加哥比赛中的 6 小时 38 分 21 秒就是当时 100 千米比赛中最好的成绩，也就是世界纪录。对比现在可以找到的蒙马尼比赛和芝加哥比赛纪录，后者还更有优势。

他的话令我惶恐不安。放眼全世界，总会有更好的表现。比如说，我的比赛用时就和苏格兰天才选手唐·里奇没法比。1978 年 10 月 28 日，他在伦敦水晶宫的 100 千米比赛中跑出了 6 小时 10 分 20 秒的好成绩。里奇年轻时就曾创下过 15 项世界纪录。40 岁的时候，他从意大利的都灵跑到圣文森特，用时 6 小时 36 分 2 秒。（定点越野赛的竞争一般都比较激烈，所以这个成绩还不足以入选世界纪录。）和唐·里奇杰出的表现一比，我根本没资格在全世界范围内炫耀。

回想起来，赛跑就像生活的缩影。我们的生活也会受到经验和思想的影响，这和我们过去的进化历程有着密不可分的联系。有时，我们会在生活中随波逐流，有时也会全力以赴，想要获得某种结果。生活就像一场畅快的冒险，再回首时，我们会带着骄傲看待自己的过去。现在所做的会得到什么样的结果？没有人知道。我的科学备跑是否正确，当时心里也没谱。人生总会面临无数的选择。选择配偶、选择专业、选择训练方案，我们都会面临选错的风险。回顾过去，我也曾犯过愚蠢的错误。比如，没有从鸟类的研究成果中学到经验。比赛时，我应该多休息几次，减少碳水的消耗，摄入一点蛋白质。毫无疑问，还有很多自己都没意识到的错误。尽管如此，他们还是让我把自己的经验记录在一两本超级马拉松训练手册里（其他超级马拉松选手也收到了这样的邀请）。其实，错误远比成功教会我们更多，因此我更关心的是我所犯过的错误。

比赛时，我一共喝掉 1.5 加仑（5.68 升）蔓越莓汁，但体重还是减轻了 8 磅。我的肾脏几乎已经停止了运转，全程都没有排过尿。仅仅通过流汗，我就损失了约 20 磅的水分。从此，蔓越莓汁成了我眼中的制胜法宝。我在缅因州的一场 50 英里马拉松中又用到了它。正值深秋，天气寒凉，这次我没流多少汗，中途的排尿耗费了不少时间。这场比赛让我意识到果汁强大的利尿作用。后来又参加了北卡罗来纳州的一场 24 小时比赛。我更加努力地训练，巅峰时刻一周最多能训练 200 英里。当然在比赛中还是选择了蔓越莓汁，但这一次，蔓越莓汁却变得如此难以下咽。我被迫转为喝水，但最后杯子里残留的果汁却让我连水都喝不下去。在 32 英里的时候，我的身体已经到了极限，只好退出。比赛前，我应该仔细阅读果汁的标签。因为后来我发现这次的果汁中没有添加玉米糖浆，而是加入了人工甜味剂。缺乏能量供应，我的跑步自然不能持久。

这种味觉上的厌恶感可能来源于身体对于比赛的认知，它认为比赛中的痛苦来自我喝下的蔓越莓汁，也就是说，我可能对任何一种蔓越莓汁都会犯恶心。因为身体已经认定，喝的蔓越莓汁越多，痛苦也会随之加剧，引发痛苦的不是跑步，而是蔓越莓汁。科学家们在老鼠身上也发现了类似的现象。当老鼠吃完有毒食物得病或感到疼痛，它们就会厌恶这种食物的味道（比如说在它们吃东西时接收辐射）。我无意识中会记住比赛中的那种疼痛感，不过那只是一种很模糊的记忆。对痛感的模糊记忆可能是心理对环境的一种适应。这样我们才不会因为痛苦而退缩，才能完成一次又一次艰苦的狩猎或比赛。后来我又在100 英里比赛中创下全美最高纪录：在 24 小时内跑完大部分的里程。与之相对应的是，那些令人愉快的记忆却能长久地保存在我们的脑海中。现在我仍然记得小时候第一次抓住虎甲的喜悦之情，手里捧着一只幼鸟的惊叹之情，以及其他许许多多的愉悦之情。它们对我的影响和激励到现在仍然存在。

我受邀前去参加斯巴达超级马拉松。比赛的起点设在希腊，终点设在斯巴达，全程 152 英里。这次我感受到了压力，可能基于之前的胜利再加上我忘性大，天还没亮，我和一群欧洲的"羚羊"们从希腊出发了。在到达斯巴达前，我遇到一座陡峭的山峰，停下来开始步行，看上去好像退出了比赛。我才意识到，步行间歇也能成为超级马拉松中的一种策略。这次，"骆驼"克劳勒维齐（他也是美国代表团的一员）很轻松地战胜了我。我没能效仿青蛙和骆驼的例子，掌握节奏、稳扎稳打，也没能从鹿的反面教材中吸取教训，在被别人追逐时就开始拼命奔跑。

人们对成功有着各自不同的看法。这是我在最近一次旅游途中领悟到的一件事。我们一家在新墨西哥盖洛普附近的红岩州立公园里野餐。一位印第安人慢跑经过我们向峡谷上方跑去。当他跑回来的时候，

　　　　　　　　　　　　　　　人类为何奔跑

我拦下他，和他聊了起来。聊天中，我发现他也是一名长跑选手。曾经他一度重达250磅，抽烟酗酒，血压也居高不下，但最近他已经参加了6场马拉松比赛。跑步拯救了他。"冲过终点线的时候，"他告诉我，"我就已经赢了。"他确实取得了辉煌的胜利。在关键时刻，他选择了跑步，这个明智的选择阻止了他在错误的方向上越走越远。现在想想，我也要感谢跑步给我带来的一切：启迪、健康，可能还有我的生活。

芝加哥马拉松比赛中，我将自己当时的知识发挥到了极致。就像之前所说的，在比赛结束那一刻，我甚至都没想到自己可能会创下纪录。实际上，我一直都没怎么思考过那次比赛，直到19年后，在观看儿子的越野跑时，突然有了这样的冲动。眼前的场景让我内心一阵颤抖，回忆如潮水般涌来，一切又变得如此清晰，宛若发生在昨日。就这样我开始了这本书的写作，我不想将那些对我来说如此珍贵的经验丢掉，我想要将它们传递下去，重温当时的经验，也重新找回当时的感觉。现在我已经开始训练，希望能在60岁以上的老年组中创下纪录。

布须曼人在杀死大羚羊、牛羚或者其他羚羊后，会将猎物的肉分享给自己的伙伴们。他们围坐在火堆旁，在闪烁的火星前畅谈狩猎的过程。即使不再打猎，他们也会谈论打猎，将他们的经历再复述一遍。

相信我们和古人都有着同样的狩猎之心，而且我们还会赋予它看上去似乎不切实际的价值。其实这就是梦想，这就是成就人类的很大一部分因素。如果现代运动员们也在一个温暖的夜晚围坐在火堆旁，像布须曼人一样，戳戳火星，聊聊天，重新回顾比赛前后的经历。这也正是我现在所做的事。

参考文献

第一章

Urquhart, F. A. 1987. *Monarch Butterfly: International Traveler*. Chicago: Nelson-Hall.

第二章

Martin, D. E., and R. W. H. Gynn, 1979. *The Marathon Footrace.* Springfield, Ill.: Charles C. Thomas.

第三章

Costill, D. L. 1979. *A Scientific Approach to Distance Running*. Track & Field News. (No town given.)

第四章

Bartholomew, G. A., and B. Heinrich. 1978. Endothermy in African dung beetles during flight, ball making, and ball rolling. *J. Exp. Biol.* 73:65–83.

人类为何奔跑

Heinrich, B., and G. A. Bartholomew. 1979. Roles of endothermy and size in inter- and intraspecific competition for elephant dung in an African dung beetle, *Scarabaeus laevistriatus*. *Physiol. Zool.* 52: 484–96.

Morgan, K. R. 1985. Body temperature regulation and terrestrial activity in the ecothermic beetle *Cicindela tranquebarica*. *Physiol. Zool.* 58:29–37.

第五章

Hadley, M. E. 1996. *Endocrinology*. Upper Saddle River, N.J.: Prentice Hall.

Hylan, D. A. 1990. *Physiology of Sport*. New York: Paragon.

Nijhout, H. F. 1994. *Insect Hormones*. Princeton: Princeton University Press.

Speck, F. G. 1940. *Penobscot Man: The Life History of a Forest Tribe in Maine*. London: Oxford University Press.

Tauber, M. J., C. A. Tauber, and S. Masaki. 1986. *Seasonal Adaptation of Insects*. New York: Oxford University Press.

第六章

Cook, J. R., and B. Heinrich. 1965. Glucose vs. acetate metabolism in *Euglena*. *J. Protozool.* 12:581–84.

———. 1968. Unbalanced respiratory growth of *Euglena*. *J. Gen. Microbiol.* 53:237–51.

Costill, D. L. 1970. Metabolic responses during distance running. *J. Applied Physiol.* 28:251–53.

Heinrich, B., and J. R. Cook. 1967. Studies on the respiratory physiology of *Euglena gracilis* cultured on acetate or glucose. *J. Protozool.* 14:548–53.

Noakes, T. 1985. *The Lore of Running*. Cape Town: Oxford University Press.

Schmidt-Nielson, K. 1990. *Animal Physiology: Adaptation and Environment*. Cambridge: Cambridge University Press.

Wilmore, J. H. 1982. *Training for Sport and Activity: The Physiological Basis of the Conditioning Process*. Boston: Allyn and Bacon.

第七章

Bramble, D. M., and D. R. Carrier. 1983. Running and breathing in mammals. *Science* 219:251–56.

Fixx, J. F. 1977. *The Complete Book of Running*. New York: Random House.

Heinrich, B. 1970. Nervous control of the heart during thoracic temperature regulation in a sphinx moth. *Science* 169:606–7.

———. 1970. Thoracic temperature stabilization in a free-flying moth. *Science* 168:580–83.

———. 1971. Temperature regulation of the sphinx moth, *Manduca sexta. J. Exp. Biol.* 54:141–66.

———. 1976. Heat exchange in relation to blood flow between thorax and abdomen in bumblebee. *J. Exp. Biol.* 64:561–85.

———. 1979. Keeping a cool head in honeybee thermoregulation. *Science* 205:1269–71.

第八章

Able, K. P., ed. 1999. *Gatherings of Angels*. Ithaca: Comstock Books.

Baird, J. 1999. Returning to the tropics: The epic autumn flight of the blackpoll warbler. In *Gatherings of Angels*. K. P. Able, ed. Ithaca: Comstock Books.

Berthold, P. 1996. *Control of Bird Migration*. London: Chapman and Hall.

Ens, B. J., T. Piersma, W. J. Wolff, and L. Zwarts, eds. 1990. Homeward bound: Problems waders face when migrating from

人类为何奔跑

the Bane d'Arguin, Mauritania, to their northern breeding grounds in spring. *Ardea* 78:1–363.

Gonzalez, N. C., and R. M. Fedde. 1988. *Oxygen Transport from Atmosphere to Tissues.* New York: Plenum.

Harrington, B. A. 1999. The hemispheric globetrotting of the white-rumped sandpiper. In *Gatherings of Angels.* K. P. Able, ed. Ithaca: Comstock Books.

Piersoma, T., and N. Davidson. 1992. *The Migration of Knots.* Wader Study Group Bulletin 64. Petersborough, U.K.: Monkstone House.

Piersma, T., A. Koolhaas, and A. Dekinga. 1993. Interactions between stomach structure and diet choice in shorebirds. *Auk* 110:552–64.

Schmidt-Nielsen, K. 1992. *How Animals Work.* London: Cambridge University Press.

Tucker, V. A. 1968. Respiratory exchange and evaporative water loss in the flying budgerigar. *J. Exp. Biol.* 48:67–87.

第九章

Burney, D. A. 1993. Recent animal extinctions: Recipes for disaster. *Am. Sci.* 81:530–41.

Byers, J. A. 1984. Play in ungulates. In *Play in Animals and Humans,* ed. P. K. Smith. Oxford: Basil Blackwell.

———. 1997. *American Pronghorn: Social Adaptations and the Ghosts of Predators Past.* Chicago and London: University of Chicago Press.

Eyestone, E. 2000. "Man vs. Horse." *Runner's World* (November).

Kurtén, B., and E. Anderson. 1980. *Pleistocene Mammals of North America.* New York: Columbia University Press.

Lindstedt, S. L., J. F. Hokanson, D. J. Wells, S. D. Swain, H. Hoppeler, and V. Navarro. 1991. Running energetics in the pronghorn antelope. *Nature* 353:748–49.

Mech, L. D. 1970. *The Wolf: The Ecology and Behavior of an Endangered Species.* New York: Doubleday.

Nobokov, P. 1981. *Indian Running: Native American History and Tradition.* Santa Fe, N.M.: Aneburt City Press.

Price, E. O. 1984. Behavioral aspects of animal domestication. *Quarterly Rev. Biol.* 59:1–32.

Stuart, A. J. 1991. Mammalian extinctions in the late Pleistocene of northern Eurasia and North America. *Biol. Rev.* 66:453–62.

Turbak, G. 1995. *Pronghorn: Portrait of the American Antelope.* Flagstaff, Ariz.: Northland Publishing Co.

Webb, S. D. 1977. A history of savanna vertebrates in the New World. Part I, North America. *Annu. Rev. Ecol. & Syst.* 8:355–80.

第十章

Dagg, A. J. 1974. The locomotion of the camel (*Camelus dromedarius*). *J. Zool.* 174:67–68.

Denis, F. 1970. Observations sur le compartement du dromadaire. Thesis. Faculté des Sciences de l'Université de Nancy.

Gauthier-Pilters, H., and A. I. Dagg. 1981. *The Camel: Its Evolution, Ecology, Behavior, and Relationship to Man.* Chicago: University of Chicago Press.

Louw, G. 1993. *Physiological Animal Ecology.* Essex, U.K.: Longman Scientific and Technical.

McKnight, T. L. 1969. *The Camel in Australia.* Carlton: Melbourne University Press.

Perk, R. F. 1963. The camel's erythrocyte. *Nature* 200:272–73.

————. 1966. Osmotic hemolysis of the camel's erythrocytes. *J. Exp. Zool.* 163:241–46.

Schmidt-Nielsen, K. 1959. The physiology of the camel. *Sci. Am.* 201:140–51.

人类为何奔跑

————. 1964. *Desert Animals: Physiological Problems of Heat and Water.* Oxford: Clarendon Press.

Schmidt-Nielsen, K., E. C. Crawford, A. E. Newsholme, K. S. Rawson, and H. T. Hammel. 1967. Metabolic rate of camels: Effect of body temperature and dehydration. *Amer. J. Physiol.* 212:341–46.

Schmidt-Nielsen, K., B. Schmidt-Nielsen, T. R. Houpt, and S. A. Jarnum. 1956. The question of water storage in the stomach of the camel. *Mammalia* 20:11–15.

————. 1956. Water balance of the camel. *Amer. J. Physiol.* 185:185–94.

第十一章

Billings, D. 1984. Aerobic efficiency in ultrarunners. *Ultrarunning,* November 1984, 24–25.

Davies, C. T. M. 1981. Physiology of ultra-long distance running. *Medicine and Sport* 13:53–63.

Taigen, T. L., and K. D. Wells. 1985. Energetics of vocalization by an anuran amphibian (*Hyla versicolor*). *J. Comp. Physiol.* 155:163–70.

Taigen, T. L., K. D. Wells, and R. L. Marsh. 1985. The enzymatic basis of high metabolic rates in calling frogs. *Physiol. Zool.* 58:719–26.

Wells, K. D., and T. L. Taigen. 1986. The effect of social interactions on calling energetics in the gray treefrog (*Hyla versicolor*). *J. Behav., Ecology, and Sociobiology* 19:9–18.

第十二章

Alexander, R. M. 1984. Elastic energy stores in running vertebrates. *Amer. Zool.* 24:85–94.

————. 1988. *Elastic Mechanisms in Animal Movement.* Cambridge, U.K.: Cambridge University Press.

Darwin, C. R. 1859. *On the Origin of Species by Means of Natural Selection, or The Preservation of Favored Races in the Struggle for Life.* London: John Murray.

Gordon, D. G. 1996. *The Compleat Cockroach: A Comprehensive Guide to the Most Despised (and Least Understood) Creatures on Earth.* Berkeley, Calif.: Ten Speed Press.

Ker, R. F., M. B. Bennett, S. R. Bibby, R. C. Kester, and R. McN. Alexander. 1987. The spring in the arch of the human foot. *Nature* 325:147–49.

McMahon, T. A. 1987. The spring in the human foot. *Nature* 325:108–9.

McMahon, T. A., and P. R. Greene. 1979. The influence of track compliance on running. *J. Biomech.* 12:893–904.

Vogel, S. 1998. *Cat's Paws and Catapults.* New York: W. W. Norton.

第十三章

Andrade, M. C. B. 1996. Sexual selection for male sacrifice in the Australian redback spider. *Science* 271:70–72.

Bennett, W. C., and R. M. Zingg. 1935. *The Tarahumara: An Indian Tribe of Northern Mexico.* Chicago: University of Chicago Press.

Borta, W. M. 1985. Physical exercise as an evolutionary force. *J. Human Evolution.* 14:145–55.

Bramble, D. M., and D. R. Carrier. 1983. Running and breathing in mammals. *Science* 219: 251–56.

Burney, D. A. 1993. Recent animal extinction: Recipes for disaster. *American Scientist* 81:530–41.

Caputa, M. 1981. Selective brain cooling: An important component of thermal physiology. *Contributions to Thermal Physiology* 32:183–92.

Carrier, D. R. 1984. The energetic paradox of human running and hominid evolution. *Current Anthropology* 24 (4):483–95.

Dawson, T., J. D. Robertshaw, and C. R. Taylor. 1974. Sweating in the kangaroo: A cooling mechanism during exercise, but not in the heat. *Amer. J. Physiol.* 227:494–98.

Falk, D. 1990. Brain evolution in homo: The "radiator" theory. *Behavioral and Brain Sciences* 13:333–86.

Gaesser, C. A., and G. A. Brooks. 1980. Glycogen depletion following continuous and intermittent exercise to exhaustion. *Journal of Applied Physiology* 49:727–28.

Hawkes, K. 1991. Showing off: Tests of an hypothesis about men's foraging goals. *Ethology and Sociobiology* 12:29–54.

Heinrich, B. 1970. Thoracic temperature stabilization by blood circulation in a free-flying moth. *Science* 168:580–82.

————. 1972. Thoracic butterflies in the field near the equator. *Comp. Biochem. Physiol.* 43A:459–67.

————. 1993. *The Hot-Blooded Insects.* Cambridge: Harvard University Press.

————. 1996. *The Thermal Warriors.* Cambridge: Harvard University Press.

Johanson, D., and M. Edey. *Lucy: The Beginnings of Humankind.* New York: Simon & Schuster.

Kaplan, H., and K. Hill. 1985. Hunting ability and reproduction success among male Aché foragers: Preliminary results. *Current Anthropology* 26:131–33.

Kessel, E. L. 1955. The mating activities of balloon flies. *Syst. Zool.* 4:97–104.

Lee, R. B., and I. DeVore, eds. 1968. *Man the Hunter.* Chicago: Aldine.

Lee, R. B. 1979. *The !Kung San: Men, Women, and Work in a Foraging Society.* Cambridge: Cambridge University Press.

Leonard, W. R., and M. L. Robertson. 2000. Ecological correlates of home range variation in primates: Implications for hominid evolution. In *On the Move: How Animals Travel in Groups,*

S. Boinski and P. A. Garber, eds. Chicago and London: University of Chicago Press.

Louw, G. 1993. *Physiological Animal Ecology.* Essex, U.K.: Longman Scientific and Technical.

Lowie, R. H. 1924. Notes on Shoshonean ethnography. *Anthropological Papers of the American Museum of Natural History* 20, part 3.

May, M. 1976. Thermoregulation and adaptation to temperature in dragonflies (*Odonata: Anisoptera*). *Evol. Monogr.* 46:1–32.

McCarthy, F. D. 1957. *Australian Aborigines: Their Life and Culture.* Melbourne: Colorgravure Publications.

Newman, R. W. 1970. Why man is such a sweaty and thirsty naked animal: A speculative review. *Human Biology* 42:12–27.

Pennington, C. W. 1963. *The Tarahumara of Mexico.* Salt Lake City: University of Utah Press.

Poulten, E. B. 1913. Empidae and their prey in relation to courtship. *Entomol. Mo. Mag.* 49:177–80.

Rudman, P. S., and H. M. McHenry. 1980. Bioenergetics and the origin of hominid bipedalism. *American Journal of Physical Anthropology* 52:103–6.

Schaller, G. B., and G. R. Lowther. 1969. The relevance of carnivore behavior to the study of early hominids. *Southwestern Journal of Anthropology* 25:307–41.

Schapera, I. 1930. *The Khoisan People of South Africa: Bushman and Hottentots.* London: Routledge and Kegan Paul.

Shoemaker, V. H., K. A. Nagy, and W. R. Costa. 1976. Energy utilization and temperature regulation by jackrabbits (*Lepus californicus*) in the Mojave Desert. *Physiol. Zool.* 49:364–75.

Sollas, W. J. 1924. *Ancient Hunters and Their Modern Representatives.* New York: MacMillan.

Stanford, C. B. 1995. To catch a colobus. *Natural History* 1:48–54.

————. 1999. *The Hunting Apes: Meat Eating and the Origins of Human Behavior.* Princeton: Princeton University Press.

Steudel, K. 1996. Limb morphology, bipedal gait, and the energetics of hominid locomotion. *American Journal of Physical Anthropology* 99:345–55.

Strum, S. C. 1981. Processes and products of change: Baboon predatory behavior at Gilgil, Kenya. In *Omnivorous Primates: Gathering and Hunting in Human Evolution,* ed. R. S. O. Harding and G. Teleki. New York: Columbia University Press.

Taylor, C. R., N. C. Heglund, and G. M. O. Maloiy. 1982. Energetics and mechanisms of terrestrial locomotion. *J. Exp. Biol.* 97:1–21.

Taylor, C. R., and V. J. Rowntree. 1973. Running on two or four legs: Which consumes more energy? *Science* 179:186–87.

————. 1973. Temperature regulation and heat balance in running cheetahs: A strategy for sprinters? *Amer. J. Physiol.* 224:848–51.

Toolson, E. C. 1987. Water profligacy as an adaptation to hot deserts: Water loss rates and evaporation cooling the Sonoran Desert cicada, *Diceroprocta apache* (Homoptera: Cicadidae). *Physiol. Zool.* 60:379–85.

Wannenburgh, A. 1979. *The Bushmen.* Cape Town: C. Struik.

Washburn, S. L., and C. Lancaster. 1968. The evolution of hunting. In *Man the Hunter,* ed. R. B. Lee and I. DeVore. Chicago: Aldine.

Wheeler, P. R. 1984. The evolution of bipedalability and loss of functional body hair in hominids. *Journal of Human Evolution* 13:91–98.

————. 1991. Thermoregulatory advantages of hominid bipedalism in open equatorial environments: The contribution of increased heat loss and cutaneous evaporative cooling. *Journal of Human Evolution.* 21:107–15.

Wolpoff, M. H. 1980. *Paleoanthropology.* New York: Knopf.

Wrangham, R. W., J. H. Jones, G. Laden, D. Pilbeam, and N. Conklin-Brittain. 1999. The raw and the stolen: Cooling and the ecology of human origins. *Current Anthropology* 40:567–94.

第十四章

Adler, N. T. 1981. *Neuroendocrinology of Reproduction: Physiology and Behavior.* New York: Plenum Press.

Bale, J., and J. Sang. 1996. *Kenyan Running.* London: Frank Cass.

Beck, S. D. 1980. *Insect Photoperiodism.* New York: Academic Press.

Berg-Schosser, D. 1984. *Tradition and Change in Kenya: Comparative Analysis of Seven Major Ethnic Groups.* Paderborn: Ferinand Schöningh.

Cobb, W. M. 1936. Race and runners. *Journal of Health and Physical Education* 1:3–7, 53–55.

Daniels, J. 1975. Science on the altitude factor. In *The African Running Revolution,* D. Prokop, ed. Mountain View, Calif.: World Publications.

Derderian, T. 1994. *Boston Marathon: The History of the World's Premier Running Event.* Champaign, Ill.: Human Kinetics.

Derr, M. 1996. The making of a marathon mutt. *Natural History* 3:35–40.

Donovan, C. M., and G. A. Brooks. 1983. Endurance training affects lactate clearance, not lactate production. *Amer. J. Physiol.* 244:E82–E92.

Hoberman, J. 1952. *Mortal Engines: The Science of Performance and the Dehumanization of Sport.* New York: Free Press.

　　　　　　　　　　　　　　　　　　　　人类为何奔跑

Saltin, B., et. al. 1995. Aerobic exercise capacity at sea level and at altitude in Kenyan boys, junior and senior runners compared with Scandinavian runners. Scand. Journ. *on Science in Sports* 5(4):209–21.

Wiggin, D. 1999. "Great speed but little stamina": The historical debate over black superiority. *Journal of Sports History* 16(2):158–85.

Wehner, R. A., A. C. Marsh, and S. Wehner. 1992. Desert ants on a thermal tightrope. *Nature* 357:586–87.

第十五章

Revkin, A. C. 1989. Sleeping beauties: The bear's strategies of getting through the winter. *Discover* (April): 62–65.

第十六章

Allport, S. 1999. *The Primal Feast.* New York: Harmony Books.

Battley, P. F., T. Piersma, M. W. Dietz, S. Tang, A. Dekinga, and K. Hulsman. 1999. Empirical evidence for differential organ reductions during trans-oceanic bird flight. *Proc. Royal Soc. London* B 267:191–95.

Biebach, H. 1998. Phenotypic organ flexibility in garden warbler *Sylvia borin* during long-distance migration. *J. Avian Biol.* 29: 529–35.

Karasov, W. H., and B. Pinshow. 1998. Changes in lean mass and in organs of nutrient assimilation in long-distance passerine migrant at a spring-time stopover site. *Physiol. Zool.* 71:435–48.

Larsen, C. S. 1997. *Bioarcheology: Interpreting Behavior from the Human Skeleton.* Cambridge: Cambridge University Press.

第十七章

Heinrich, B. 1979. *Bumblebee Economics*. Cambridge: Harvard University Press.

Piersma, T., G. A. Gudmundsson, and K. Lilliendahl. 1999. Rapid changes in size of different functional organ and muscle groups during refueling in a long-distance migrating shorebird. *Physiol. Biochem. Zool.* 72:405–16.

第十八章

Battley, P. F., T. Piersma, M. W. Dietz, S. Tang, A. Dekinga, and K. Hulsman. 1999. Empirical evidence for differential organ reductions during trans-oceanic bird flight. *Proc. Royal Soc. London* B 267:191–95.

Gaesser, C. A., and G. A. Brooks. 1980. Glycogen depletion following continuous and intermittent exercise to exhaustion. *Journal of Applied Physiology* 49:727–28.

Hochachka, P. W., and G. N. Somero. 1984. *Biochemical Adaptation*. Princeton: Princeton University Press.

Hollaszy, J. O., and F. W. Booth. 1976. Biochemical adaptations to endurance in muscle. *Ann. Rev. Physiol.* 38:273–91.

Jacobs, B. L., H. van Praag, and F. H. Gaze. 2000. Depression and the birth and death of brain cells. *American Scientist* 88:340–54.

Krause, R. 2001. *One Hundred Years of Maine Running*. Self-published.

McArdle, W. D., F. I. Katch, and V. L. Katch. 1991. *Exercise Physiology, Energy, Nutrition, and Human Performance*. 3rd ed. Philadelphia and London: Lea and Febiger.

Noakes, T. 1985. *The Lore of Running*. Cape Town: Oxford University Press.

Piersma, T., L. Bruinzeel, R. Drent, M. Kersten, J. V. der Meer, and P. Wiersma. 1996. Variability in basal metabolic rate of a long-distance migrant shorebird (red knot, *Calidris canutus*) reflects shifts in organ sizes. *Physiol. Zool.* 69:191–217.

Sleamaker, R. 1989. *Serious Training for Serious Athletes*. Champaign, Ill.: Leisure Press.

第十九章

Steinberg, D., and J. C. Khoo. 1977. Hormone-sensitive lipase of adipose tissue. *Fed. Proc.* 36:1986–90.

图书在版编目（CIP）数据

人类为何奔跑：那些动物教会我的跑步和生活之道 /
（美）贝恩德·海因里希著；王金译 . —北京：商务印
书馆，2022（2023.5 重印）
（自然文库）
ISBN 978-7-100-20784-3

Ⅰ. ①人… Ⅱ. ①贝… ②王… Ⅲ. ①人类进化—研
究 Ⅳ. ① Q981.1

中国版本图书馆 CIP 数据核字（2022）第 035188 号

自然文库
人类为何奔跑
那些动物教会我的跑步和生活之道
〔美〕贝恩德·海因里希 著
王 金 译

商 务 印 书 馆 出 版
（北京王府井大街 36 号 邮政编码 100710）
商 务 印 书 馆 发 行
北京新华印刷有限公司印刷
ISBN 978 - 7 - 100 - 20784 - 3

2022 年 5 月第 1 版 开本 710×1000 1/16
2023 年 5 月北京第 2 次印刷 印张 16¾
定价：68.00 元